数学方法溯源

欧阳绛◎著

SCIENCE & HUMANITIES

06

（珍藏版）

数学科学文化理念传播丛书（第一辑）

Trace to the Sources of Mathematical Methods

大连理工大学出版社
Dalian University of Technology Press

图书在版编目(CIP)数据

数学方法溯源：珍藏版 / 欧阳绛著. —2 版. —大连：大连理工大学出版社，2016.1(2017.3 重印)

ISBN 978-7-5685-0161-3

(数学科学文化理念传播丛书)

Ⅰ. ①数… Ⅱ. ①欧… Ⅲ. ①数学方法—研究 Ⅳ. ①O1-0

中国版本图书馆 CIP 数据核字(2015)第 249447 号

大连理工大学出版社出版

地址:大连市软件园路 80 号　邮政编码:116023

发行:0411-84708842　传真:0411-84701466　邮购:0411-84708943

E-mail:dutp@dutp.cn　URL:http://www.dutp.cn

大连住友彩色印刷有限公司印刷　　大连理工大学出版社发行

幅面尺寸:188mm×260mm　印张:9.75　字数:138 千字

2008 年 4 月第 1 版　2016 年 1 月第 2 版

2017 年 3 月第 2 次印刷

责任编辑:刘新彦　王　伟　责任校对:田中原

封面设计:冀贵收

ISBN 978-7-5685-0161-3　定价:39.00 元

数学科学文化理念传播丛书·第一辑

编写委员会

总 序

一、数学科学的含义及其在学科分类中的定位

20世纪50年代初，我曾就读于东北人民大学(现吉林大学)数学系，记得在二年级时，曾有两位老师[①]在课堂上不止一次地对大家说："数学是科学中的女王，而哲学是女王中的女王."

对于一个初涉高等学府的学子来说，很难认知其言真谛.当时只是朦胧地认为，其言大概是指学习数学这一学科非常值得，也非常重要.或者说与其他学科相比，数学可能是一门更加了不起的学问.到了高年级时，开始慢慢意识到，数学与那些研究特殊的物质运动形态的学科(诸如物理、化学和生物等)相比，似乎真的不在同一个层面上.因为数学的内容和方法不仅要渗透到其他任何一个学科中去，而且要是真的没有了数学，则就无法想像其他任何学科的存在和发展了.后来我终于知道了这样一件事，那就是美国学者道恩斯(Douenss)教授，曾从文艺复兴时期到20世纪中叶所出版的浩瀚书海中，精选了16部名著，并称其为"改变世界的书".在这16部著作中，直接运用了数学工具的著作就有10部，其中有5部是属于自然科学范畴的，它们是：

(1) 哥白尼(N. Copernicus)的《天体运行》(1543年)；

(2) 哈维(William Harvery)的《血液循环》(1628年)；

(3) 牛顿(I. Newton)的《自然哲学之数学原理》(1729年)；

(4) 达尔文(E. Darwin)的《物种起源》(1859年)；

---

① 此处的"两位老师"指的是著名数学家徐利治先生和著名数学家、计算机科学家王湘浩先生.当年徐利治先生正为我们开设"变分法"和"数学分析方法及例题选讲"，而王湘浩先生正为我们讲授"近世代数"和"高等几何".

(5) 爱因斯坦(A. Einstein)的《相对论原理》(1916 年).

另外 5 部是属于社会科学范畴的,它们是:

(6) 潘恩(T. Paine)的《常识》(1760 年);

(7) 史密斯(Adam Smith)的《国富论》(1776 年);

(8) 马尔萨斯(T. R. Malthus)的《人口论》(1789 年);

(9) 马克思(Karl Max)的《资本论》(1867 年);

(10) 马汉(R. Thomas Mahan)的《论制海权》(1867 年);

在道恩斯所精选的 16 部名著中,若论直接或间接地运用数学工具的,则就无一例外了. 由此可以毫不夸张地说,数学乃是一切科学的基础、工具和精髓.

至此似已充分说明了如下事实:数学不能与物理、化学、生物、经济或地理等学科在同一层面上并列. 特别是近 30 年来,先不说分支繁多的纯粹数学的发展之快,仅就顺应时代潮流而出现的计算数学、应用数学、统计数学、经济数学、生物数学、数学物理、计算物理、地质数学、计算机数学等如雨后春笋般地产生、存在和发展的事实,就已经使人们去重新思考过去那种将数学与物理、化学等学科并列在一个层面上的学科分类法的不妥之处了. 这也是多年以来,人们之所以广泛采纳"数学科学"这个名词的现实背景.

当然,我们还要进一步从数学之本质内涵上去弄明白上文所说之学科分类上所存在的问题,也只有这样才能使我们能在理性层面上对"数学科学"的含义达成共识.

当前,数学被定义为是从量的侧面去探索和研究客观世界的一门学问. 对于数学的这样一种定义方式,目前已被学术界广泛接受. 至于有如形式主义学派将数学定义为形式系统的科学,更有如形式主义者柯亨(Cohen)视数学为一种纯粹的在纸上的符号游戏,以及数学基础之其他流派所给出之诸如此类的数学定义,可谓均已进入历史博物馆,在当今学术界,充其量只能代表极少数专家学者之个人见解. 既然大家公认数学是从量的侧面去探索和研究客观世界,而客观世界中之任何事物或对象又都是质与量的对立统一,因此没有量的侧面的事物或对象是不存在的. 如此从数学之定义或数学之本质内涵出发,就必然导致数学与客观世界中的一切事物之存在和发展密切相关.同时也决定了数学这一研究领域有其独特的普遍性、抽象性和应用上的极端广泛性,从而数学也就在更抽象的层面上与任何特殊的物质运动形式息息相关.由此可见数学与其他任何研究特殊的物质运动形态的学科相比,要高出一个层面.在此或许可以认为,这也就是本人少时所闻之"数学是科学中的女王"一语的某种肤浅的理解.

再说哲学乃是从自然、社会和思维三大领域,亦即从整个客观世界的存在及其存在方式中去探索科学世界之最普遍的规律性的学问,因而哲学是关于整个客观世界的根本性观点的体系,也是自然知识和社会知识的最高概括和总结.因此哲学又要比数学高出一个层面.

这样一来,学科分类之体系结构似应如下图所示:

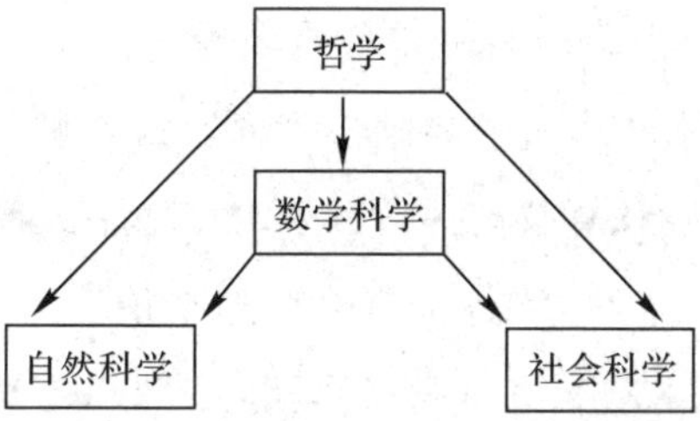

如上直观示意图的最大优点是凸现了数学在科学中的女王地位,但也有矫枉过正与骤升两个层面之嫌.因此,也可将学科分类体系结构示意图改为下图所示:

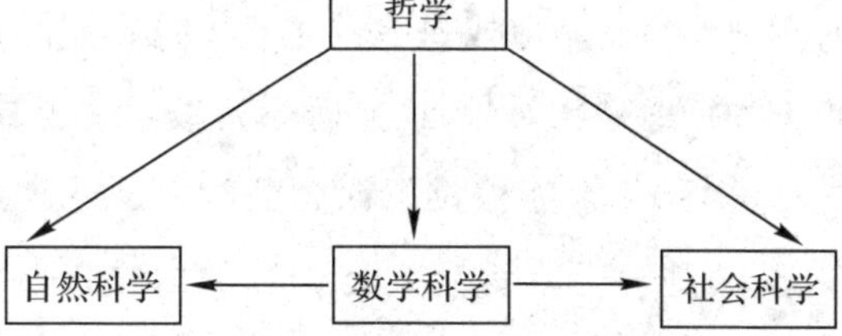

如上示意图则在于明确显示了数学科学居中且与自然科学和社会科学相并列的地位,从而否定了过去那种将数学与物理、化学、生物、经济等学科相并列的病态学科分类法.至于数学在科学中之女王地位,就只能从居中角度去隐约认知了.关于学科分类体系结构之如上两个直观示意图,究竟哪一个更合理,在这里就不多议了,因为少

时耳闻之先入为主，往往会使一个人的思维方式发生偏差，因此留给本丛书的广大读者和同行专家们去置评了.

二、数学科学文化理念与文化素质原则的内涵及价值

数学有两种品格，其一是工具品格，其二是文化品格. 对于数学之工具品格而言，在此不必多议. 由于数学在应用上的极端广泛性，因而在人类社会发展中，那种挥之不去的短期效益思维模式必然导致数学之工具品格愈来愈突出和愈来愈受到重视. 特别是在实用主义观点日益强化的思潮中，更会进一步向数学纯粹工具论的观点倾斜，所以数学之工具品格是不会被人们淡忘的. 相反地，数学之另一种更为重要的文化品格，却已面临被人淡忘的境况. 至少数学之文化品格在今天已经不为广大教育工作者所重视，更不为广大受教育者所知，几乎到了只有少数数学哲学专家才有所了解的地步. 因此我们必须古识重提，并且认真议论一番数学之文化品格问题.

所谓古识重提指的是：古希腊大哲学家柏拉图(Plato)曾经创办了一所哲学学校，并在校门口张榜声明，不懂几何学的人，不要进入他的学校就读. 这并不是因为学校所设置的课程需要以几何知识基础才能学习，相反地，柏拉图哲学学校里所设置的课程都是关于社会学、政治学和伦理学一类课程，所探讨的问题也都是关于社会、政治和道德方面的问题. 因此，诸如此类的课程与论题并不需要直接以几何知识或几何定理作为其学习或研究的工具. 由此可见，柏拉图之所以要求他的弟子先行通晓几何学，绝非着眼于数学之工具品格，而是立足于数学之文化品格. 因为柏拉图深知数学之文化理念和文化素质原则的重要意义. 他充分认识到立足于数学之文化品格的数学训练，对于陶冶一个人的情操，锻炼一个人的思维能力，直至提升一个人的综合素质水平，都有非凡的功效. 所以柏拉图认为，不经过严格数学训练的人是难以深入讨论他所设置的课程和议题的.

前文指出，数学之文化品格已被人们淡忘，那么上述柏拉图立足于数学之文化品格的高智慧故事，是否也被人们彻底淡忘甚或摒弃了呢？这倒并非如此. 在当今社会中，仍有高智慧的有识之士，在某

些高等学府的教学计划中，深入贯彻上述柏拉图的高智慧古识.列举两个典型事例如下：

例1，大家知道，从事律师职业的人在英国社会中颇受尊重.据悉，英国律师在大学里要修毕多门高等数学课程，这既不是因为英国的法律条文一定要用微积分去计算，也不是因为英国的法律课程要以高深的数学知识为基础，而只是出于这样一种认识，那就是只有通过严格的数学训练，才能使之具有坚定不移而又客观公正的品格，并使之形成一种严格而精确的思维习惯，从而对他取得事业的成功大有益助.这就是说，他们充分认识到了数学的学习与训练，绝非实用主义的单纯传授知识，而深知数学之文化理念和文化素质原则，在造就一流人才中的决定性作用.

例2，闻名世界的美国西点军校建校将近两个世纪，培养了大批高级军事指挥员，许多美国名将也毕业于西点军校.在军校的教学计划中，学员们除了要选修一些在实战中能发挥重要作用的数学课程（如运筹学、优化技术和可靠性方法等）之外，规定学员还要必修多门与实战不能直接挂钩的高深的数学课.据我所知，本丛书主编徐利治先生多年前访美时，西点军校研究生院曾两次邀请他去做“数学方法论”方面的讲演.西点军校之所以要学员们必修这些数学课程，当然也是立足于数学之文化品格.也就是说，他们充分认识到，只有经过严格的数学训练，才能使学员们在军事行动中，能把那种特殊的活力与高度的灵活性互相结合起来，才能使学员们具有把握军事行动的能力和适应性，从而为他们驰骋于疆场打下坚实的基础.

然而总体来说，如上述及的学生或学员，当他们后来真正成为哲学大师、著名律师或运筹帷幄的将帅时，早已把学生时代所学到的那些非实用性的数学知识忘得一干二净了.但那种铭刻于头脑中的数学精神和数学文化理念，却会长期地在他们的事业中发挥着重要作用.亦就是说，他们当年所受到的数学训练，一直会在他们的生存方式和思维方式中潜在地起着根本性的作用，并且受用终身.这就是数学之文化品格、文化理念与文化素质原则之深远意义和至高的价值所在.

三、《数学科学文化理念传播丛书》出版的意义与价值

有现象表明，教育界和学术界的某些思维方式正在深陷纯粹实用主义的泥潭，而且急功近利、短平快的病态心理正在病入膏肓. 因此，推出一套旨在倡导和重视数学之文化品格、文化理念和文化素质的丛书，一定会在扫除纯粹实用主义和诊治急功近利病态心理的过程中起到一定的作用，这就是出版本丛书的意义和价值所在.

那么究竟有些什么现象足以说明纯粹实用主义思想已经很严重了呢？如果要详细地回答这一问题，至少可以写出一本小册子来. 在此只能举例一二，点到为止.

现在计算机专业的大学一、二年级学生，普遍不愿意学习逻辑演算与集合论课程，认为相关内容与计算机专业没有什么用. 那么我们的教育管理部门和相关专业人士又是如何认知的呢？据我所知，南京大学早年不仅要给计算机专业本科生开设这两门课程，而且还要开设递归论和模型论课程. 然而随着思维模式的不断转移，不仅递归论和模型论早已停开，而且逻辑演算与集合论课程的学时数也在逐步缩减. 现在国内坚持开设这两门课的高校已经很少了，大部分高校只在离散数学课程中，给学生讲很少一点逻辑演算与集合论知识. 其实，相关知识对于培养计算机专业的高科技人才来说是至关重要的，即使不谈这是最起码的专业文化素养，难道不明白我们所学之程序设计语言是靠逻辑设计出来的？而且柯特(E. P. Codd)博士创立关系数据库，以及许华兹(J. T. Schwartz)教授开发的集合论程序设计语言 SETL，可谓全都依靠数理逻辑与集合论知识的积累. 但却很少有专业教师能从历史的角度并依此为例去教育学生，甚至还有极个别的专家教授，竟然主张把“计算机科学理论”这门硕士研究生学位课取消，认为这门课相对于毕业后去公司就业的学生太空洞，这真是令人瞠目结舌. 特别是对于那些初涉高等学府的学子来说，其严重性更在于他们的知识水平还不了解什么有用或什么无用的情况下，就在大言这些有用或那些无用的实用主义想法. 好像在他们的思想深处根本不知道高等学府是培养高科技人才基地，竟把高等学府视为

专门培训录入、操作与编程的技工学校.因此必须让教育者和受教育者明白,用多少学多少的教学模式只能适用于某种技能的培训,对于培养高科技人才来说,此类纯粹实用主义的教学模式是十分可悲的.不仅误人子弟,如果任其误入歧途继续陷落下去,必将直接危害国家和社会的发展前程.

另外,现在有些现象甚至某些评审规定,所反映出来的心态和思潮就是短平快和急功近利,这样的软环境对于原创性研究人才的培养弊多利少.杨福家院士说:①

“费尔马大定理是数学上一大难题,360 多年都没有人解决,现在一位英国数学家解决了,他花了 9 年时间解决了,其间没有写过一篇论文.我们现在的规章制度能允许一个人 9 年不出文章吗?”

“要拿诺贝尔奖,都要攻克很难的问题,不是灵机一动就能出来的,不是短平快和急功近利就能够解决问题的,这是异常艰苦的长期劳动.”

据悉,居里夫人一生只发表了 7 篇文章,却两次获得诺贝尔奖.现在晋升副教授职称,都要求在一定年限内,在一定级别杂志上发表一定数量的文章,还要求有什么奖之类的,在这样的软环境里,按照居里夫人一生中发表文章的数量计算,岂不只能当个老讲师.

清华大学是我国著名的高等学府,1952 年,全国高校进行院系调整,在调整中清华大学变成了工科大学.直到改革开放后,清华大学才开始恢复理科并重建文科.我国各层领导开始认识到世界一流大学均以知识创新为本,并立足于综合、研究和开放,从而开始重视发展文理科.11 年前,清华人立志要奠定世界一流大学的基础,为此而成立清华高等研究中心.经周光召院士推荐,并征得杨振宁先生同意,聘请美国纽约州立大学石溪分校聂华桐教授出任高等中心主任.5 年后接受上海《科学》杂志编辑采访,面对清华大学软环境建设和我国人才环境的现状,聂华桐先生明确指出:②

“中国现在推动基础学科的一些办法,我的感觉是失之于心太

① 王德仁等,杨福家院士“一吐为快——中国教育 5 问”,扬子晚报,2001 年 10 月 11 日 A8 版.

② 刘冬梅,营造有利于基础科技人才成长的环境——访清华大学高等研究中心主任聂华桐,科学,Vol. 154,No. 5,2002 年.

急．出一流成果，靠的是人，不是百年树人吗？培养一流科技人才，即使不需百年，却也绝不是短短几年就能完成的．现行的一些奖励、评审办法急功近利，凑篇数和追指标的风气，绝不是真心献身科学者之福，也不是达到一流境界的灵方．一个作家，您能说他发表成百上千篇作品，就能称得上是伟大文学家了吗？画家也是一样，真正的杰出画家也只凭少数有创意的作品奠定他们的地位．文学家、艺术家和科学家都一样，质是关键，而不是量．”

“创造有利于学术发展的软环境，这是发展成为一流大学的当务之急．”

面对那些急功近利和短平快的不良心态及思潮，前述杨福家院士和聂华桐先生的一番论述，可谓十分切中时弊，也十分切合实际．

大连理工大学出版社能在审时度势的前提下，毅然决定立足于数学文化品格编辑出版《数学科学文化理念传播丛书》，不仅意义重大，而且胆识非凡．特别是大连理工大学出版社的刘新彦和梁锋等不辞辛劳地为丛书的出版而奔忙，实是智慧之举．还有 88 岁高龄的著名数学家徐利治先生依然思维敏捷，不仅大力支持丛书的出版，而且出任丛书主编，并为此而费神思考和指导工作，由此而充分显示徐利治先生在治学模式中的奉献精神和远见卓识．

序言中有些内容取材于“数学科学与现代文明”①一文，但对文字结构做了调整，文字内容做了补充，对文字表达也做了改写．

朱梧槚

2008 年 4 月 6 日于南京

① 1996 年 10 月，南京航空航天大学校庆期间，名誉校长钱伟长先生应邀出席庆典，理学院名誉院长徐利治先生应邀在理学院讲学，老友朱剑英先生时任校长，他虽为著名的机械电子工程专家，但从小喜爱数学，曾通读《古今数学思想》巨著，而且精通模糊数学，又是将模糊数学应用于多变量生产过程控制的第一人．校庆期间钱伟长先生约请大家通力合作，撰写“数学科学与现代文明”一文，并发表在上海大学主办的《自然杂志》上．当时我们就觉得这个题目分量很重，要写好这个题目并非轻而易举之事．因此，我们（徐利治、朱剑英、朱梧槚）曾多次在一起研讨此事，分头查找相关文献，并列出提纲细节，最后由朱梧槚执笔撰写，并在撰写过程中，不定期会面讨论和修改补充，终于完稿，由徐利治、朱剑英、朱梧槚共同署名，分为（上）、（下）两篇，作为特约专稿送交《自然杂志》编辑部，先后发表在《自然杂志》1997，19（1）：5-10 与 1997，19（2）：65-71．

引　言

方法就是“路”，而路是人走出来的. 方法也是“工具”或“手段”，至于用什么工具或手段是由有待解决的问题内容决定的.

本书所说的数学方法，主要指学习和研究数学的方法，也包括把数学应用于实际的方法. 数学家所走过的探索之路也往往体现了数学的方法.

古希腊有个故事，说有个神仙能点石成金，他把点成了金子的石头赐给求助于他的人，但有一个求助于他的人，总是摇头表示不要，原来他想要神仙的手指头. 我们所说的方法就相当于那根手指头. 学习和研究数学的人，对数学方法的学习和掌握，乃是治学之本. 正如俗话所说：磨刀不误砍柴工.

数学家走过的路，应该翻开历史去寻找. 历史上的东西都是曾经成为现实的东西，它成为现实总有它的道理，这些道理就是逻辑，就是规律. 当然，历史并不能把我们需要的答案都清晰地展示出来，许多事实必须用逻辑分析的方法去处理，这就是逻辑方法与历史方法的结合.

因此，我们一方面要从数学方法的角度去探讨数学史，从活生生的数学发展中抽象出数学思想方法这根主线. 另一方面，又要立足于历史的观点去研究数学方法，也就是把数学方法置身于历史的背景下去分析和考察，从而充分认识其存在的理由. 这就是本书的写作宗旨.

目　录

一　历史上的数学方法

1.1　用几何方法解代数题

古希腊的毕达哥拉斯学派(简称毕氏学派)曾经用几何方法解二次方程.在古希腊,几何学发展得快而代数学发展得慢.当时,一元二次方程被分为四种不同的类型,即:$x^2-ax+b^2=0$,$x^2+ax+b^2=0$,$x^2-ax-b^2=0$ 和 $x^2+ax-b^2=0$,并且远没有今天这样的符号.为方便起见,我们以今天的形式讲述其对不同类型的一元二次方程的解法.

【例 1】　求解 $x^2-ax+b^2=0$.

解　如图 1-1 所示,令 $AB=a$,作 $PE\perp AB$ 且 $PE=b$,P 为 AB 的中点,$EQ=PB$,由于 $AQ\cdot QB=PB^2-PQ^2=EQ^2-PQ^2=PE^2=b^2$,故作出之内分点 Q 点所决定的 AQ 及 QB 之长即为所求.

对 $x^2+ax+b^2=0$,作图与前同,只是答案全取负值.

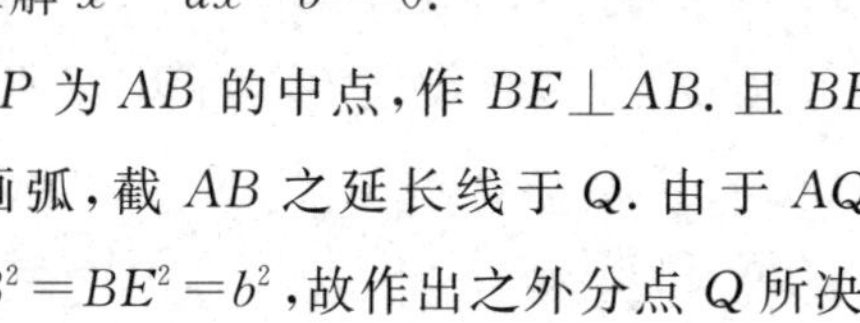

图 1-1

【例 2】　求解 $x^2-ax-b^2=0$.

令 $AB=a$,P 为 AB 的中点,作 $BE\perp AB$.且 $BE=b$.以 P 为圆心,PE 为半径画弧,截 AB 之延长线于 Q.由于 $AQ\cdot QB=PQ^2-PB^2=PE^2-PB^2=BE^2=b^2$,故作出之外分点 Q 所决定的 AQ 与 QB 之长即为所求,如图 1-2 所示.

对 $x^2+ax-b^2=0$,作图与前同,答案全变号.

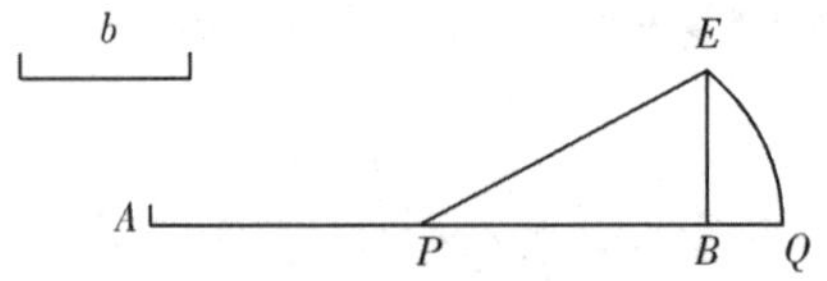

图 1-2

注意　方程中的常数均系 b^2，而作图时用的是 b. 因此，要先用求比例中项的方法作出 b 来.

这种解法很容易弄懂，但是为什么要用这样复杂的方法（几何作图法）去处理这么简单的问题（一元二次方程），却是颇令人费解的. 然而，知道了这一历史的发展，是有助于我们理解，并从中获得很多有益的启迪的.

1.2　用代数方法解几何图

用代数方法去求解几何问题，乃是 17 世纪的事.

笛卡尔创立解析几何的思想总结在他的《方法论》一书中标题为"几何学"的附录中. 该附录一开始指出："几何学中的任何问题都能容易地归结为这样一些语句：知道一些直线（段）的长度，便足以作出它的图形，正如算术仅由四种或五种运算，即加、减、乘、除和开方（后者可以看成是一种除法）所组成那样，在几何学中也是如此，为了找出所要的线（段），只需要把其他线（段）加起来或减掉. 为了尽可能地与数密切联系起来，我们取一个线（段）称之为单位（长）. 通常单位（长）是可以任意取的. 对于给定的两条别的直线（段），我们要找出第四条直线（段），使它对两条给定线（段）中的一条之比等于另一条对单位（长）之比（这是同乘法等价的）；或者，再要找出第四条线（段），使它对两条给定线（段）中的一条之比等于单位（长）对另一条之比（这是和除法等价的）；或者，最后要找出单位（长）与另外某一线（段）之间的一次、二次或多次比例中项（这是同给定线（段）开平方、开立方等等价的）. 而且为了更加明确，我决不怀疑，把这些算术用词引进几何学的合理性."

——应该注意：此处是用算术的术语去叙述几何学中的问题的. 笛卡尔的秘诀就是由此用另一种语言阐述几何学中的问题，从而给出一种新的方法，去建立一门新的学科.（而坐标并不是其思想的精髓.）

然而引起笛卡尔的进一步考虑，并使他将代数方法用于几何问题的思想得以实现的关键，乃是对于下述问题的探索. 即若 $p_1,\cdots,p_m,p_{m+1},\cdots,p_{m+n}$ 是从点 P 向 $m+n$ 条直线所引的，并与这些直线形成一些给定角度的 $m+n$ 条线段的长度，并且，如果

$$p_1\cdots p_m=Kp_{m+1}\cdots p_{m+n}$$

(此处 K 是常数)，试求点 P 的轨迹.

【例 1】 如图 1-3 所示，给定五条直线 $L_1,\cdots,L_5$. 令 p_i 表示点 P 到直线 L_i 的距离($i=1,2,\cdots,5$). 取 L_4 和 L_5 为 x 轴和 y 轴，求依下列条件运动的点 P 的轨迹的方程：

$$p_1p_2p_3=ap_4p_5$$

(这轨迹称作笛卡尔抛物线，有时也称作"三叉戟".)

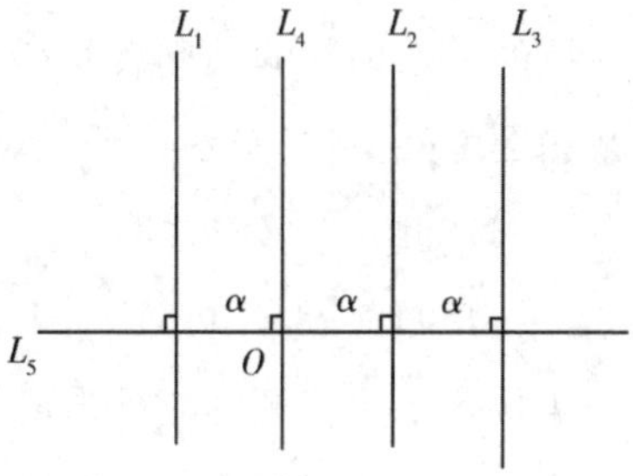

图 1-3

解 由

$$(x+a)(a-x)(2a-x)=axy$$

化简可得

$$x^3-2ax^2-a^2x+2a^3=axy$$

新学科的建立，常常出于一种新方法，而一种新方法的提出，又常常取决于一个新问题.——这是一个事实，且是一个十分有趣的事实.

希尔伯特在《数学问题》中指出："正如人类的每项事业都在追求着某个确定的目标一样，数学研究也需要有自己的问题. 正是通过对这些问题的解决，研究者锻炼了钢铁般的意志，发现了新方法和提出了新观点，从而达到更为广阔和自由的境界."随后又说："伯努利曾在一些杰出的分析学家面前提出了一个问题，这个问题好比块试金石，通过它分析学家们可以检验其方法的价值，衡量他们自己的能力."有了新问题就可以发现新方法，问题还可以用来检验方法的价值：问题与方法的关系是如此密切.

1.3 用代数方法研究数论

让我先介绍一个数论问题的历史渊源：

两个自然数 M 与 N 被称为亲和的，如果每一个数是另一个数的真因子的和。例如，284 和 220 就是亲和的。因为 220 的真因子是 1，2，4，5，10，11，20，22，44，55，110，其和为 284；而 284 的真因子是 1，2，4，71，142，其和为 220。这对数在历史上被认为是由毕氏学派首先给出的。

泰比特·伊本柯拉在他的《论亲和数的确定》一书中证明：如果 $p=3\cdot 2^{n-1}-1$，并且 $q=3\cdot 2^{n}-1$，$r=9\cdot 2^{n-1}-1$ 是素数，则

$$M=2^n pq,\quad N=2^n r$$

为亲和数。

泰比特·伊本柯拉的求亲和数的规则曾被费马重新发现。在 220 和 284 这对著名的亲和数之外，费马又发现了一对，即

$$17296=2^4\times 23\times 47$$

$$18416=2^4\times 1151$$

无疑，他是以 $n=4$ 代入泰比特规则而导出的。

笛卡尔明确地阐述了泰比特规则，并提出了第 3 个例子，即

$$9363584=2^7\times 191\times 383$$

$$9437056=2^7\times 73727$$

现在让我们来分析一下泰比特获得其规则（即方法）的思路：

著名的亲和数 220 和 284 有下列形式的因子分解：

$$2^2 pq \text{ 和 } 2^2 r$$

其中 p，q 和 r 均为素数。再看我们能否找到

$$M=2^n pq,\quad N=2^n r$$

（M 的真因子的和等于 N，N 的真因子的和等于 M）这样一对数。

我们假定泰比特知道：N 的所有因子（包括 N 本身）之和为

$$(1+2+\cdots+2^n)(r+1)$$

并且 M 的所有因子（包括 M 本身）之和为

$$(1+2+\cdots+2^n)(pq+p+q+1)$$

因而，上述两个的每一个和必定都等于 $M+N$，故有

$$r=pq+p+q \tag{1}$$

和

$$(2^{n+1}-1)(pq+p+q+1)=2^n pq+2^n r \tag{2}$$

将(1)式代入(2)式，得关于 p 和 q 的条件

$$(2^{n+1}-1)(pq+p+q+1)=2^n pq+2^n(pq+p+q) \tag{3}$$

把(3)简化，得

$$2^n(p+q+2)=pq+p+q+1 \tag{4}$$

取 $p+1=P, q+1=Q$，(4)式可进一步简化为

$$2^n(P+Q)=PQ. \tag{5}$$

把 2^{2n} 加到(5)的两边，变形得

$$2^{2n}=PQ-2^nP-2^nQ+2^{2n}$$

或

$$2^{2n}=(P-2^n)(Q-2^n)$$

右边的两个因子，或均为正，或均为负. 如果二者均为负，则它们的积必定小于 2^{2n}，所以它们必定均为正. 因为它们的积是 2^{2n}，我们必定有(姑且假定 $P<Q$)：

$$P-2^n=2^{n-t}$$

$$Q-2^n=2^{n+t}$$

此处 t 的最简选择是 $t=1$，它导致

$$P=2^n+2^{n-1}=3\times 2^{n-1}$$

$$Q=2^n+2^{n+1}=6\times 2^{n-1}$$

于是，得到泰比特的解：

$$p=3\times 2^{n-1}-1$$

$$q=3\times 2^n-1$$

$$r=PQ-1=9\times 2^{2n-1}-1$$

在数论的王国里，行驶着代数牌的摩托车，如此轻松，如此惬意！真乃轻车熟路，探囊取物.

1.4　用群论方法研究代数

在初等代数学领域里，曾把用代入、消去和配方等方法解方程视为天经地义的，就像在几何学领域里，把欧几里得视为至圣先师那样，经久不变. 当拉格朗日提出了群的概念，并由伽罗瓦用群论解释解方

程的道理后，代数学才从“山穷水复疑无路”的情况进入了“柳暗花明又一村”的境界.

现在先介绍一下拉格朗日(1736—1813)的“群”的概念：

一般 n 次方程可被写成：$x^n+a_1x^{n-1}+a_2x^{n-2}+\cdots+a_n=0$ 并且有根 $x_1,x_2,x_3,\cdots,x_n$. 为简明起见，考虑有根 x_1,x_2,x_3 的三次方程 $x^3+ax^2+bx+c=0$. 拉格朗日利用这些根的六个置换：

$$S_1: x_1\to x_1, x_2\to x_2, x_3\to x_3$$

$$S_2: x_1\to x_2, x_2\to x_1, x_3\to x_3$$

$$S_3: x_1\to x_3, x_2\to x_1, x_3\to x_2$$

$$S_4: x_1\to x_1, x_2\to x_3, x_3\to x_2$$

$$S_5: x_1\to x_3, x_2\to x_2, x_3\to x_1$$

$$S_6: x_1\to x_2, x_2\to x_3, x_3\to x_1$$

让我们注意那个被称作恒等置换的置换 S_1，它令每个根不变；而 S_2 是使 x_1 变成 x_2，等等.

拉格朗日应用这些根的置换函数，即考虑根的某些函数，例如

$$g_1(x_1,x_2,x_3)=x_1+x_2+x_3$$

$$g_2(x_1,x_2,x_3)=x_1x_2x_3$$

$$f_1(x_1,x_2,x_3)=x_1^2+x_2+x_3$$

$$f_2(x_1,x_2,x_3)=x_1+x_2^2+x_3$$

$$f_3(x_1,x_2,x_3)=x_1+x_2+x_3^2$$

$$h_1(x_1,x_2,x_3)=x_1+\left(\frac{-1+\sqrt{-3}}{2}\right)x_2+\left(\frac{-1-\sqrt{-3}}{2}\right)x_3$$

$$h_2(x_1,x_2,x_3)=x_1+\left(\frac{-1-\sqrt{-3}}{2}\right)x_2+\left(\frac{-1+\sqrt{-3}}{2}\right)x_3$$

$$d(x_1,x_2,x_3)=(x_1-x_2)(x_1-x_3)(x_2-x_3)$$

如果我们应用任一置换于 $g_1(x_1,x_2,x_3)$，则该函数总是保持不变. 例如用 S_2 于 $g_1(x_1,x_2,x_3)$时，这就是把 x_1 和 x_2 对换一下而有

$$g_1(x_1,x_2,x_3)=x_2+x_1+x_3$$

它依然等于 $x_1+x_2+x_3$. 我们还可以考虑六个置换的每一个在 f_1 上的效果. 即为

$$S_1f_1=f_1(x_1,x_2,x_3)=x_1^2+x_2+x_3=f_1$$

$$S_2 f_1 = f_1(x_2, x_1, x_3) = x_2^2 + x_1 + x_3 = f_2$$
$$S_3 f_1 = f_1(x_3, x_1, x_2) = x_3^2 + x_1 + x_2 = f_3$$
$$S_4 f_1 = f_1(x_1, x_3, x_2) = x_1^2 + x_3 + x_2 = f_1$$
$$S_5 f_1 = f_1(x_3, x_2, x_1) = x_3^2 + x_2 + x_1 = f_3$$
$$S_6 f_1 = f_1(x_2, x_3, x_1) = x_2^2 + x_3 + x_1 = f_2$$

S_1 和 S_4 这两个置换使 f_1 保持不变.拉格朗日称$\{S_1, S_4\}$为函数 f_1 的群.这是群(group)这个词的本来意义:一个函数的群是使函数保持不变的根的置换集.

现在再来讲伽罗瓦(1811—1832)是怎样用群论去解释解方程之道理的.伽罗瓦的想法是对每个多项式方程都联系着一个群,使群的性质和方程之解的性质密切相关.特别是他发明的"群"能反映多项式方程之根的对称性,这的确是数学史上最为辉煌的思想之一.

用几个例子来说明这一点.从方程 $x^5 - 1 = 0$ 入手,它有五个解,即 1 和另外四个数:

$$(-1+\sqrt{5}+\sqrt{-10-2\sqrt{5}})/4$$
$$(-1-\sqrt{5}+\sqrt{-10+2\sqrt{5}})/4$$
$$(-1-\sqrt{5}-\sqrt{-10+2\sqrt{5}})/4$$
$$(-1+\sqrt{5}-\sqrt{-10-2\sqrt{5}})/4$$

如果用 a 来表示这四个数中的第一个,则 $a^5 = 1$,因为 a 是该多项式的根.因此,$(a^2)^5 = a^{10} = (a^5)^2 = 1$,$a^2$ 也是该多项式的根,实际上它就是这四个数中的第 2 个.事实上,若用 a, b, c, d 来表示这四个数,则 $b = a^2$,$c = a^3$,$d = a^4$.我们用字母 e 表示另一个解,即 1.

这个方程的伽罗瓦群包括 a, b, c, d 和 e 的某些置换.例如,由于 $a^2 = b$,如果伽罗瓦群中有一置换把 a 送到解 x,把 b 送到解 y,则 x^2 必然等于 y,这就保持关系不变.特别是,假设置换把 a 送到 c,那么它必定把 b 送到 c^2.但是 $c = a^3$,所以,$c^2 = a^6 = a$,这是因为 $a^5 = 1$.这样,如果 a 被送到 c,则 b 一定被送到 a.同理,由于 c 是 a 的立方,而 a 被送到 c,则 c 一定被送到 c 的立方,即$(a^3)^3 = a^9 = a^4 = d$.还有,由于 d 是 a 的四次方,另一个计算证明 d 一定被送到 b.这样一来,如果某置换把 a 送到 c,那么 b 就跑到 a,c 跑到 d,d 跑到 b,e 被送到自己的位置上.

更一般地，如果我们知道伽罗瓦群中的一个置换把根 a 送到某处，则这个置换可以用类似的方式来确定. 事实上，数 a 可以被送到 a,b,c,d 的任意一个数上去. 这个方程的伽罗瓦群正好有四个置换，如下表所示：

a	b	c	d	e
a	b	c	d	e
b	d	a	c	e
c	a	d	b	e
d	c	b	a	e

每行代表一个置换.

再来看另一个五次方程

$$x^5-x-1=0$$

它仍然有五个根，但是它的伽罗瓦群却有这五个根的共 120 个可能的置换，情况就大不相同了.

伽罗瓦理论的主要成果是给出了多项式方程能用四则运算和开方来确切地解出的条件，而这个条件就是它的伽罗瓦群须具有的某种特性，这种特性又基本上是指这个群要有很好的结构.

伽罗瓦理论委实是惊人且成功的，他提出的概念看上去似乎毫不相干，但却已深入到事物的核心之中，揭示了事物的对称性.

没有拉格朗日的粗坯，也不会有伽罗瓦的精巧的工艺品，用群论的方法研究代数的路，就是拉格朗日开辟而由伽罗瓦实现的.

1.5 四元数开辟了研究抽象代数之路

把代数学从方程论的范围中解放出来，走向抽象代数的广阔天地，哈密顿的功绩是不可磨灭的.

对此可从哈密顿(1805—1865)对复数的天才处理讲起. 哈密顿那个时代的数学家们把复数视为形如 $a+bi$ 的数. 因为复数 $a+bi$ 完全由 a 和 b 这两个实数所确定，使哈密顿想起用有序实数对 (a,b) 去表示该复数. 两个这样的数对 (a,b) 和 (c,d) 是相等的，当且仅当，$a=c$ 并且 $b=d$. 这样的数对的加法和乘法被定义为 $(a,b)+(c,d)=(a+$

$c,b+d)$和$(a,b)(c,d)=(ac-bd,ad+bc)$. 用这些定义很容易证明：如果假定这些定律的实数的普通加法和乘法成立，则有序实数对的加法和乘法是服从交换律和结合律的，并且乘法对于加法服从分配律.

必须指出：实数系由此而被嵌入了复数系. 这就是说，如果每一实数等同于对应的数对$(r,0)$，那么这种对应性在复数的加法和乘法之下是被保持的.

复数系，对于平面上之向量和转动的研究乃是很方便的数系. 哈密顿曾试图设计一种三维空间中向量和转动之研究所使用的数系，但未获成功. 继而，他又考虑：如何把实数系和复数系嵌入有序实数四元数组(a,b,c,d)的系统中去，换句话说，定义两个这样的四元数组(a,b,c,d)和(e,f,g,h)为相等的，当且仅当$a=e,b=f,c=g,d=h$. 哈密顿发现：有序实数四元数组的加法和乘法必须这样定义：

$$(a,0,0,0)+(b,0,0,0)=(a+b,0,0,0)$$

$$(a,0,0,0)(b,0,0,0)=(ab,0,0,0)$$

$$(a,b,0,0)+(c,d,0,0)=(a+c,b+d,0,0)$$

$$(a,b,0,0)(c,d,0,0)=(ac-bd,ad+bc,0,0)$$

这样的有序实数四元数组称为(实)四元数. 哈密顿发现必须将四元数的加法和乘法的定义系统化如下：

$$(a,b,c,d)+(e,f,g,h)=(a+e,b+f,c+g,d+h)$$

$$(a,b,c,d)(e,f,g,h)=(ae-bf-cg-dh,af+be+ch-dg,\\ ag+ce+df-bh,ah+bg+de-cf)$$

$$m(a,b,c,d)=(a,b,c,d)m=(ma,mb,mc,md)$$

m为任何实数. 用这些定义能够证明：实数和复数被嵌入四元数，四元数的加法服从交换律和结合律，四元数的乘法服从结合律，乘法对于加法服从分配律. 但是，交换律对于乘法却不成立. 事实上，如果我们用记号$1,i,j,k$分别表示四元数的单元$(1,0,0,0)$，$(0,1,0,0)$，$(0,0,1,0)$，$(0,0,0,1)$，能证明下列乘法表(表1-1)奏效.

我们能把四元数(a,b,c,d)写成$a+bi+cj+dk$的形式，当两个四元数都被写成这种形式时，它们可以像i,j,k的多项式那样乘起来，然后再用上述乘法把所得的乘积变为同样形式.

表 1-1

×	1	i	j	k
1	1	i	j	k
i	i	-1	k	$-j$
j	j	$-k$	-1	i
k	k	j	$-i$	-1

1844 年,格拉斯曼(1809—1877)发表了《多元数理论》,他在其中推演出几种比哈密顿四元数更具有一般性的代数. 1857 年,凯利(1821—1895)设计了矩阵代数.

哈密顿、格拉斯曼和凯利以推演出不同于普通代数所遵守之结构规律的代数方法敲开了抽象代数的大门. 实际上,用减弱或勾去普通代数之各种各样的假定,或将其中一个或多个假定代之以能够保持相容性的其他假定,就可获得种种能被研究的新体系. 作为这些体系的一部分,我们有广群、拟群、圈、半群、独异点、群、环、整环、格、除环、布尔环、布尔代数、域、向量空间、若尔当代数和李代数等等,其中最后两个是不满足结合律的例子. 迄今为止,数学家们已经研究过 200 多种这样的代数结构.

李代数在粒子物理中,布尔代数在计算机科学中,已得到广泛应用. 事实上,有许多代数结构渗透进了其他学科和数学的其他分支,抽象代数学已经成了当代大部分数学分支的通用语言.

1.6 用射影方法研究几何

射影几何首先是作为方法出现的,然后才逐步成为数学的一个分支. 让我们引用蒙日(1746—1818)《画法几何学》中的论述来说明这一点.

蒙日在该书的第一章中就明确指出:"画法几何学有两个目的:有一个目的是在只有长、宽两种尺度的纸上,为表达一切有长、宽、高三种尺度的自然物而提供方法,而且这些物体都是严格地被确定的. 第二个目的是为根据准确的图形来了解物体的形状提供方式方法,并从图形推导出物体的形状和相互位置的真相."然后他讲到关于确定空间之点的位置的考虑,即投影法、阴影作图法和物体之透视图的作图方法. 总之,在蒙日的这部经典著作中,自始至终贯穿着方法.

不仅如此，我们还可以用射影法证明定理.

【例 1】 如图 1-4 所示，已知$\triangle A_1B_1C_1$和$\triangle A_2B_2C_2$共面，B_1C_1与B_2C_2交于L，C_1A_1与C_2A_2交于M，A_1B_1与A_2B_2交于N，且L、M、N共线.

求证A_1A_2、B_1B_2、C_1C_2共点.

证明 设$\triangle A_1B_1C_1$与$\triangle A_2B_2C_2$所在之平面为π. 在平面π之外任取一点O. 再作一平面π'，使π'与O、L、N所决定之平面平行. 设π与π'交于直线l.

以O为投射中心将直线A_1B_1投射到π'上得直线$A'_1B'_1$，因为$ON /\!/ \pi'$，所以$ON /\!/ A'_1B'_1$，同法可得A_2B_2在π'上的投影$A'_2B'_2$，且$A'_2B'_2 /\!/ ON$，故$A'_1B'_1 /\!/ A'_2B'_2$(图 1-5).

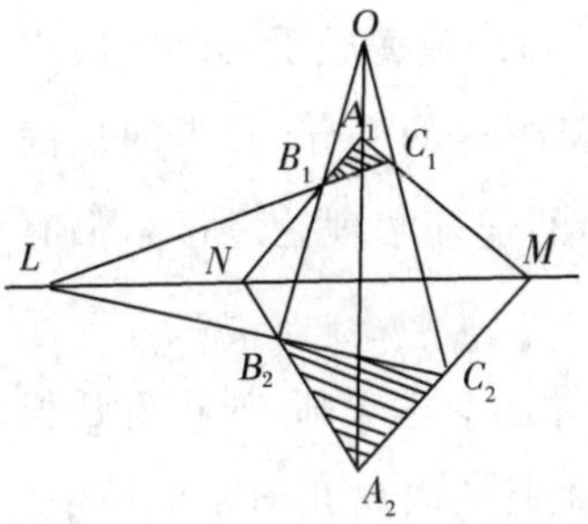

图 1-4

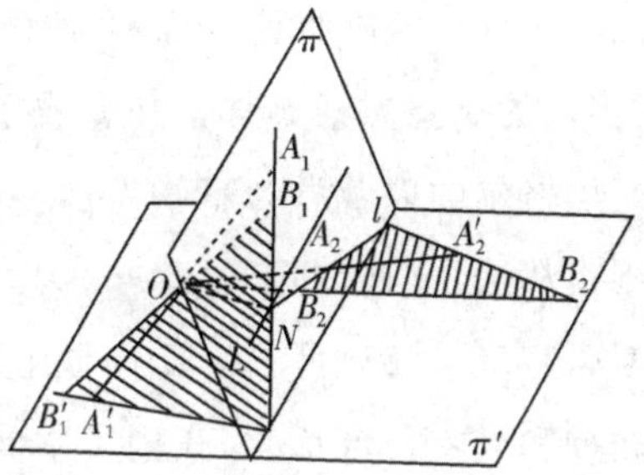

图 1-5

同理，以O为投射中心，$\triangle A_1B_1C_1$和$\triangle A_2B_2C_2$的其他两条边在π'的投影分别为$A'_1C'_1$、$B'_1C'_1$和$A'_2C'_2$、$B'_2C'_2$，且有$A'_1C'_1 /\!/ A'_2C'_2$，$B'_1C'_1 /\!/ B'_2C'_2$.

在平面π'上的两个三角形$A'_1B'_1C'_1$和$A'_2B'_2C'_2$之对应边互相平行，所以$\triangle A'_1B'_1C'_1 \backsim \triangle A'_2B'_2C'_2$，且处于位似状态.

根据两个位似图形之对应点连线共点的定理可知：$\triangle A'_1B'_1C'_1$和$\triangle A'_2B'_2C'_2$之对应点连线$A'_1A'_2$，$B'_1B'_2$和$C'_1C'_2$共点.

再根据中心投射保留图形的结合性可知：$\triangle A_1B_1C_1$和$\triangle A_2B_2C_2$对应点连线A_1A_2，B_1B_2和C_1C_2共点.

实际上，这里利用了投影前后图形某些关系保持不变的原理.

总之，投影几何是靠投影方法建立起来的，并且投影几何中有些定理能凭借投影法来证明.

1.7 用群论方法整理几何

F·克莱因(1849—1925)在其题为《关于现代几何学研究之比较考察》的著名论文中,用群论的方法整理了种种几何系统,实际上是对几何学之历史发展的一个总结.正因为如此,我们应对形成这篇著名论文的历史背景作一概述.

新时代的精神,当时在先进的法国,要比在德国早些时候形成.蒙日的微分几何学专著,彭赛列(1788—1867)的射影几何学专著都是这个时期的代表作.然而在1848年革命后的帝制时代(1848—1851)和第二帝国时代(1852—1870),则是法国数学的低潮时期.只有屈指可数的伽罗瓦和为数学分析奠定严密基础的柯西(1789—1857).数学的花朵被移植到德国.在思想方面,曾经是批判旧封建体制的强有力武器的理性主义和机械唯物论,已经和法国革命一道完成了自己的历史使命,而当时的德意志经典哲学却变成了思想界的先导.其中的最高成就乃是黑格尔的以矛盾为事物发展基础的辩证法理论.所以,强有力的思维也从法兰西转到了德意志.

高斯(1777—1855)是一位具有非凡天才的数学大师,他在哥廷根任数学教授和天文台台长时,开创了空间曲面的内蕴几何学的研究.柏林的雅可比(1804—1851)和哥廷根的狄利克雷(1805—1859)也是有杰出贡献的数学家.黎曼在他的题为《关于作为几何学基础的假设》的著名论文中,开创性地发展了几何学.继而,柏林的斯坦纳(1796—1873)在射影几何学方面作出了重要贡献;莱比锡的麦比乌斯(1790—1868)的《重心坐标法》和波恩的普吕克(1801—1868)建立了对偶原理并在解析几何方面做出了重要的工作.——这些都是形成克莱因之卓越思想的土壤.

F·克莱因的历史责任感就是在上述历史背景中产生的.他说:"几何学尽管本质上是一个整体,但因在最近期间所取得的飞速发展,而使之被分割为许多互不相关的分支了,其中每一个分支几乎都是独立地继续发展着,所以公开发表旨在建立几何学的这样一种内在联系的各种考虑,就显得更加必要了."——这种"内在联系"的含义是什么,而种种"几乎互不相关"的分支又是怎样被统一的?这里的中心支柱乃是群论.

克莱因将群论应用于几何学，主要建立在集合 S 到它自身之变换这个概念上. 这种变换使得 S 的每一个元素确定地对应于 S 的一个元素，并且 S 的每一个元素都是 S 的某个确定的元素的对应元素. 集合 S 到它自身的两个变换 T_1 与 T_2 的乘积 T_2T_1 指的是：对它先进行变换 T_1 再进行变换 T_2 而得到的合成变换. 如果 T 是集合 S 到它自身的变换，它将 S 的每一个元素 a 变换到 S 的一个对应元素 b，而把变换 T 翻过来的变换，就是指把 S 的每一个元素 b 变换到 S 的原来的那个元素 a 的变换，这种变换叫作变换 T 的逆变换，并以 T^{-1} 表示. 而使 S 的每一个元素对应于它本身的变换称作集合 S 上的恒等变换，并用 I 表示. 不难证明：考虑集合 S 到它本身的所有变换的集合 Γ，如果：

(1)集合 Γ 的任何两个变换的乘积仍在集合 Γ 中；

(2)集合 Γ 的任何变换的逆变换仍在集合 Γ 中；

(3)Γ 中包含恒等变换 I.

则此集合 Γ 在变换的乘法下构成一个群，简称为变换群.

于是，克莱因对几何学给出如下定义：几何学是当集合 S 的元素经受某变换群 Γ 中所包含的变换时集合 S 保持不变的那些性质的研究. 为方便起见，这种几何学以符号 $G(S,\Gamma)$ 表示. 例如：

(1)平面欧几里得度量几何：设 S 为通常平面上所有点的集合，考虑由平移、旋转和线上的反射组成的所有 S 变换的集合 Γ. 因为任何两个这样的变换的乘积和任何这样的变换的逆变换还是这样的变换，所以，Γ 是一个变换群. 像长度、面积、全等、平行、垂直、图形的相似性、点的共线性和线的共点性这样一些性质在群 Γ 下是不变的，而这些性质正是平面欧几里得度量几何所研究的.

(2)平面相似几何：把平面欧几里得度量几何的变换群 Γ 扩大，除了平移、旋转和线上的反射外，再加上位似变换(在位似变换中，每一点 P 对应于一点 P'，使得 $AP=K\cdot AP'$. 在这里，A 是某固定点，K 是某固定常数，并且 A,P,P' 共线). 在此扩大的群下，像长度、面积和全等这类性质不再保持不变，因而不再作为研究的课题. 但平行、垂直图形的相似性、点的共线性、线的共点性仍然是不变的性质，因而仍然是这种几何中要研究的课题.

(3)平面射影几何:它所研究的是平面上的点经受所谓射影变换时仍然保持不变的那些性质.在前面讲的那些性质中,点的共线性和线的共点性仍然保持不变,因而是这种几何所要研究的课题.在射影变换的变换群下四个共线点的交比是一个重要的不变量.这个不变量在射影几何的研究中起着重要作用.

在所有上述几何中,使某变换群的变换起作用的基本元素是点,因此,上述几何均为点几何的例子.此外,还有线几何、圆几何、球几何和其他各种几何.于是,在建立一种几何时,人们首先是不受拘束地选择几何的基本元素(点、线、圆等);其次是自由选择这些元素的空间或流形(点的平面、点的寻常空间、点的球面、点的平面、圆束等);第三是自由选择作用于这些基本元素的变换群.这样,新几何的建立就成为相当简单的事了.

更为有趣的是一些几何包含另一些几何的方式.例如,由于平面欧几里得度量几何的变换群是平面相似几何的变换群的子群,因而有:在平面相似几何中成立的任何定理在欧几里得度量几何中必定成立.从这个观点出发可以证明:射影几何存在于平面欧几里得度量几何或平面相似几何之中,并且我们有一个套一个的几何序列.凯利说"射影几何包括所有几何"指的是:射影几何的变换群把克莱因研究过的那些几何的变换群当作子群包括在内.但是就几何定理而论,情况正相反——射影几何的定理包含于其他各种几何的定理之中.

F·克莱因的《关于现代几何学研究之比较考察》一文,被人们称作《爱尔兰根纲领》,可以说,它指导了半个世纪的几何学的研究.

1.8 用流数法创立微积分学

牛顿① 1669 年发现流数法,并把其要点告诉他的老师巴罗,并于 1671 年写成《流数法》,至 1736 年才公开发表.在这本书中,牛顿引进了其独特的记法和概念.他把曲线看作是由点的连续运动生成的.依照这个概念,生成点的横坐标和纵坐标,一般是变动的量.变动的量被称为流(fluent),流动的变化率被称为它的流数(fluxion).假定 x 和 y 是流,则它们的流数是 $\dot{x}$ 和 $\dot{y}$.附带说一句,牛顿在其他地方进一步指

① 微积分学是牛顿和莱布尼兹两位数学家发明的,这里只提牛顿,只是为了叙述方便.

出：人们可以依次把流数 $\dot{x}$ 和 $\dot{y}$ 看作 $\ddot{x}$ 和 $\ddot{y}$ 表示其流数的流，等等. 其流数是 x 和 y 的流，牛顿用 $\overset{|}{x}$ 和 $\overset{|}{y}$ 表示；其流数是 $\overset{|}{x}$ 和 $\overset{|}{y}$ 的流又写作 $\overset{||}{x}$ 和 $\overset{||}{y}$，等等. 牛顿还引进了另一个概念，他称之为流的矩(moment)，它指的是流(例如 x)在无穷小的时间间隔 o 中增加的无穷小量. 于是，流的矩由 $x'o$ 给出. 牛顿指出：在任何问题中，可以略去所有包含 o 的二次或二次以上幂的项；这样，我们得到曲线生成点的坐标 x 和 y 与它们的流数 $\dot{x}$ 和 $\dot{y}$ 关系的方程. 作为一个例子，考虑三次方程 $x^3-ax^2+axy-y^3=0$. 以 $x+\dot{x}o$ 代替 x，以 $y+\dot{y}o$ 代替 y，得

$$
\begin{aligned}
&x^3+3x^2(\dot{x}o)+3x(\dot{x}o)^2+(\dot{x}o)^3-\\
&ax^2-2ax(\dot{x}o)-a(\dot{x}o)^2+\\
&axy+ay(\dot{x}o)+a(\dot{x}o)(\dot{y}o)+ax(\dot{y}o)-\\
&y^3-3y^2(\dot{y}o)-3y(\dot{y}o)^2-(\dot{y}o)^3=0
\end{aligned}
$$

然后，利用 $x^3-ax^2+axy-y^3=0$ 这一事实，并把余下的项除以 o，再舍弃所有包含 o 的二次或二次以上幂的项，我们得

$$3x^2\dot{x}-2ax\dot{x}+ay\dot{x}+ax\dot{y}-3y^2\dot{y}=0$$

牛顿考虑两种类型的问题. 在第一种类型的问题中，给出联系某些流的关系式，要我们找出联系这些流和它们的流数的关系式. 这就是我们上面讲的，这自然等价于微分. 在第二种类型的问题中，给出联系一些流和它们的流数的关系式，要我们找出仅仅联系流的关系式. 这是逆问题，等价于解微分方程. 后来牛顿用他的初步极限概念作为根据，证明略去包含的二次或二次以上的项是正确的. 他定义极大值和极小值、曲线的切线、曲线有曲率、拐点、曲线的凸性和凹性，并且把他的理论应用于许多求积问题和曲线的求长.

贝克莱(1685—1753)在《分析学家：向一位不虔诚的数学家提出质问》一文中，向牛顿提出质问，他说，试问“这些流数是什么？渐渐消失的增量的速度. 那么，这些渐渐消失的增量又是什么呢？它们既不是有限量，又不是无限小量，又还不是无. 我们能不能称它们为逝去的量的鬼魂呢？……”

这一时期，尽管微积分学的基础受到严厉的批评，然而，早期的研究者们还是被这门学科显著的可应用性所吸引，并使其发展得很快.

1.9 用几何方法解概率题

关于相遇的概率问题可以用几何方法解.

【例 1】 张三和李四相约晚上 7 点到 8 点之间在码头会面，商定先到者等候 15 分钟，15 分钟后如果仍然不见对方就不再等下去. 假如张三和李四的抵达时间在 7 点到 8 点之间，问他们二人会面的可能性有多大？

解 可利用图 1-6 来表示答案.

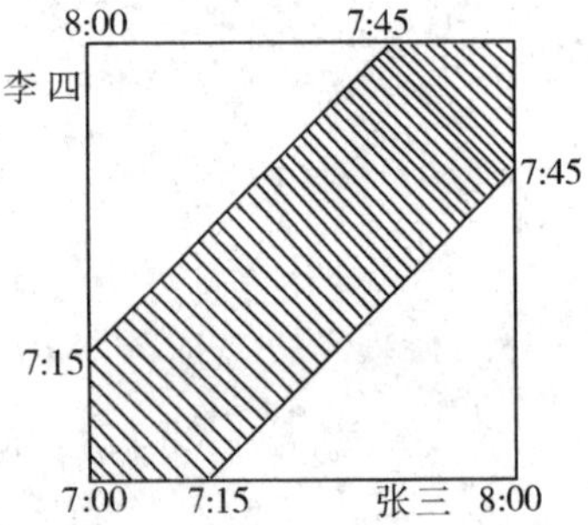

图 1-6

图中每一点代表一个事件，例如(7:15,7:28)这点代表张三在 7 时 15 分抵达码头，而李四在 7 时 28 分才抵达码头. 图 1-6 中有斜线的部分代表什么情形呢？在有斜线部分的一点(x,y)，x 和 y 的差不大于 15 分钟，因此它代表张三和李四会面的一个事件. 反之，在没有斜线部分的一点代表张三和李四不能会面的一个事件. 既然每一点(x,y)代表的事件发生的可能性是一样的，所以，张三和李四会面的可能性是有斜线部分的面积与正方形的面积之比，即

$$1-2\times\frac{1}{2}\times\frac{3}{4}\times\frac{3}{4}=\frac{7}{16}$$

这样以几何方式看问题，一目了然.

在这里，我们找到了概率与几何之间的联系. 从这点出发，产生了一种新方法：统计试验法，或称蒙特卡罗方法. 这种方法是 20 世纪 40 年代初期由美籍匈牙利数学家冯・诺伊曼和美籍波兰数学家乌伦提出的. 这套方法的基本思想是把各种随机过程的概率特征与数学分析问题的解答联系起来.（有些现象的发生与否是含有偶然的因素而不能预先确定的，便叫作“随机现象”，这些现象的演变过程就叫作“随机

过程".)在20世纪40年代之前,人们通常把随机过程的概率特征的计算化为一个数学分析上的问题,便算是把概率问题解答了,至于那个数学分析上的问题是否容易解答,就由他人去费脑筋了."统计试验法"却反其道而行之,在碰到一个困难的数学分析上的问题的时候,不直接去求解,而是模拟一个适当的随机过程,利用概率特征的统计估计值来作为原有问题的近似解.例如,给定函数 $f(x)$,假设它取的值均在0与1之间,我们要计算

$$\int_0^1 f(x)\mathrm{d}x$$

这原本是数学分析的问题,现在换另一个角度来看它.想象有一点随机地落在图1-7上,重复这个试验 N 次(N 是个颇大的数目),假设其中有 M 次那一点落在有斜线的部分,那么 M/N 就是有斜线部分的面积的近似值了,也就是积分的近似值.真正做起来,该怎么办呢?我们可以找 N 个随机数偶 (x,y),即 x 和 y 都是在0与1之间随机出现的数字,而且 x 是什么与 y 是什么没有联系,然后验算 y 是否不大于 $f(x)$,是就记一次.如果共有 M 次是这样,M/N 就是积分的近似答案.

图 1-7

显然,这种方法要借助于电子计算机才能显示出威力.

习 题

1. 给定一个单位线段,试用几何方法解二次方程

$$x^2-7x+12=0$$

2. 给定一个单位线段,试用几何方法解二次方程

$$x^2+4x-21=0$$

3. 将(1,0,-2,3)和(1,1,2,-2)这两个四元数依两种次序相乘.

4. 将 $a+bi+cj+dk$ 和 $e+fi+gj+hk$ 这两个四元数当作 i,j,k 的多项式相乘，并且，用四元单位的乘法表算出这两个四元数的乘积.

5. 拉伊雷(1640—1718)发明了平面到它自身的下列有趣的映射：作任意两条平行线 a 和 b，并且任选它们所在平面的一点 M，通过 M 画一直线交 a 于 A，交 b 于 B；另任选平面内第二点 P，过 B 点作的 AP 的平行线与 MP 的交点 M' 取作 M 的映象. 试证明：M' 与用来确定它的过 M 点的特殊直线 MBA 无关.

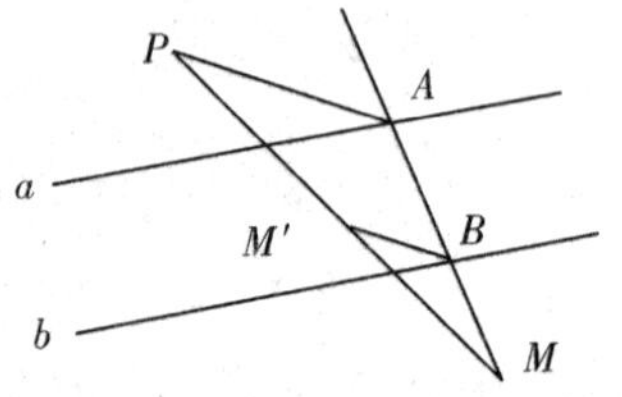

图 1-8

6. 设计一个应该用几何方法解的概率题.

二　从数学游戏谈起

2.1　数学游戏在数学发展中的作用

数学游戏对数学发展的促进作用是难以估量的.

游戏和学习的关系很密切,人类的学习,最初都是凭着游戏来进行的.随着人类文明的进步,游戏愈来愈多样化.近代学者认为游戏具有多种功能:人类学家认为,游戏是人类文化活动的一种形式;行为学家认为游戏对认知和技巧有训练作用;教育学家认为,游戏是很好的活动教材;其他科学家认为,游戏可看作某些现实的变换.人类学家还提出:民族的进化程度可以按该民族所存有的游戏来做指标.

游戏与数学学习,比起游戏与其他方面的学习,有更深一层的关系.因为数学和游戏具有类似的元素和结构.数学的基本元素有二:其一是选定了的集合,这可能是某些数字的集合、一些点的集合,一些几何形体的集合、一些函数的集合;其二是一些被定义了的运算规则,也可称为运算法则,例如规定集合内的元素如何结合,如何相加或相乘等等.游戏也具有两个基本要素:其一是一些物体的集合,这可能是一堆棋子、一副扑克牌、一套骰子;其二是一些被规定了的游戏法则,例如某一棋类的走棋规则,或某种牌类的打牌规则,又如何获得分数等等.许多数学问题来自现实生活中所呈现的量的变化与关系,并由此抽象纯化而成.许多游戏也是如此演变出来的.游戏中的许多智力活动,往往和数学学习中所要运用的智力活动十分相似.棋类和其他带有思考性的游戏,就必然要求参加者去分析思考,以便在某一局势或特定条件下,能够作出最理想的行为反应.这和求解数学问题时所经受的历程和体验是大致相同的.

游戏所带来的收益往往不在于内容,而在于游戏过程本身.因为游戏的内容往往是十分简单而无关紧要的.但是,如在行棋过程中,参加者要不断地接受棋局变化的挑战,要综观全局并衡量各种因素,不断地作出聪明的决策.这个历程将不断地迫使人们去分析思考,而这才是最有意义的活动.

数学的学习往往需要内容与过程两者兼备,其内容就是数学知识,过程就是数学方法,而数学方法的学习尤应值得重视.如果用强记来接受其内容,而没有经过数学的思考,这样的数学学习是不足取的.因为学习的目的主要是锻炼观察与分析、类比、归纳、演绎的能力.

2.2 让梨游戏

让梨游戏规定:争得最后有"子"吃,便是胜利.该游戏是我们中国人首先发明的.玩的时候可用硬币作子,也可用任何筹码作子.

进行时由两人对玩,先在桌上摆出任意个数的筹码,行数和每行的筹码数也是任意的.但初玩时以三行为宜,而每行子(筹码)的个数最好不超过10,也不要相同.图2-1所示便是常见的摆法.

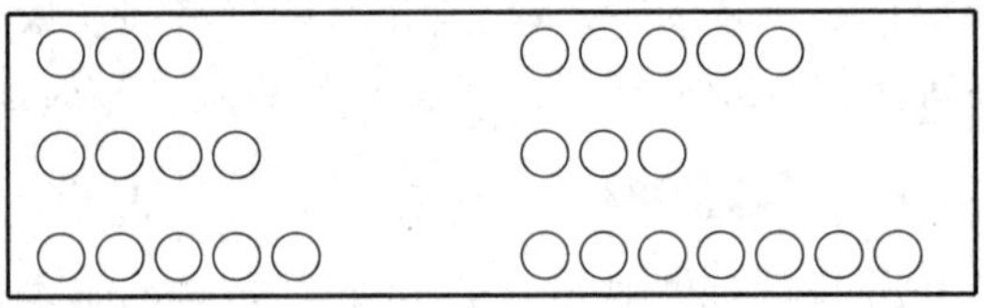

图 2-1

摆好子后,便可轮流取子.取子的办法很简单,就是在同一行中取走若干个子,既可以全取一整行的子,也可以只取其中一个.但规定每次所取走的子都在同一行中,即不允许在两行或更多行中同时取子.如此轮流取子,规定最后有子可取的人获胜.

【例1】 开局摆子如图2-2所示:

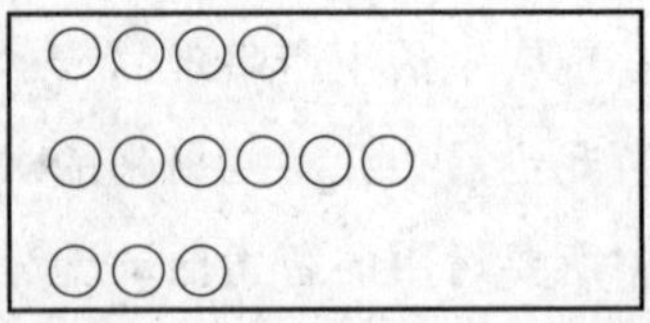

图 2-2

甲取走中行三子,余下为(图2-3):

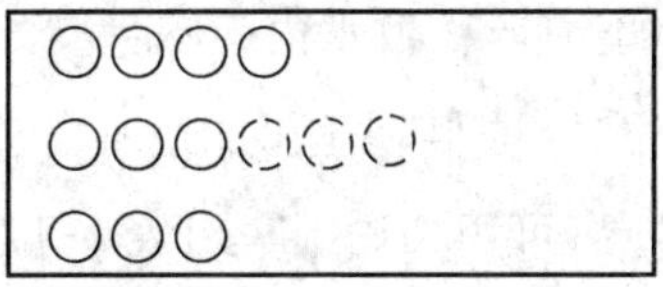

图 2-3

乙又全取上行四子而成(图 2-4)：

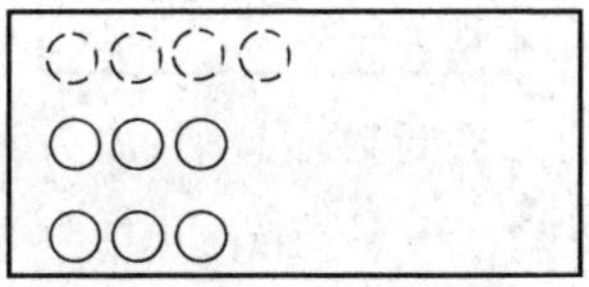

图 2-4

甲再取走下行一子,则为(图 2-5)：

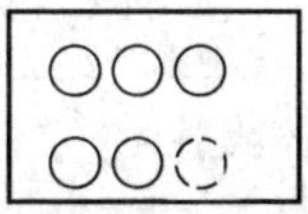

图 2-5

乙取走上行一子,则为(图 2-6)：

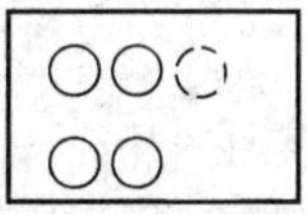

图 2-6

甲又取走下行一子,则为(图 2-7)：

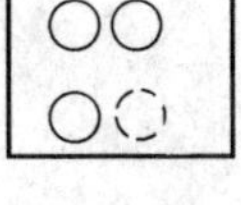

图 2-7

乙取走上行一子,则为(图 2-8)：

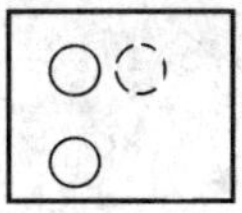

图 2-8

如此,乙肯定获胜了. 因为,甲必须只取上行或下行的子,最后余下的一子是给乙吃的.

试问这一游戏中能有什么数学内容呢？有的.因为该游戏有个必胜之道，且其道理可用“二进制”来阐明.

如上述例1的开局，可用二进制写出表2-1：

表 2-1

上行	4	100
中行	6	110
下行	3	11

把每一列(直行)的二进制数加起来，即为

$$\begin{array}{r} 100 \\ 110 \\ 11 \\ \hline 221 \end{array}$$

此数字之和的最后一位是奇数，其他都是偶数.如果我们把偶数称作“安全”，则奇数便是“危险”.获胜的秘诀在于：把危险化为安全；如果每步都能保持安全，则最后必获胜.

现从此观点出发，分析例1.甲开局时是一个有危险的局.但他不懂得这秘诀，所以胡乱地在中行取走三子，这样便有

$$\begin{array}{lr} 4 & 100 \\ 3 & 11 \\ 3 & 11 \\ \cline{2-2} & 122 \end{array}$$

此数字之和中有奇数，所以对甲不安全.轮到乙取子，乙是懂得秘诀的，要化此危险为安全，他便令数字之和的各位数全为偶数，即

$$\begin{array}{lr} 3 & 11 \\ 3 & 11 \\ \cline{2-2} & 22 \end{array}$$

这样，乙便安全了.

甲随着取走下行一子，余下为

$$\begin{array}{lr} 3 & 11 \\ 2 & 10 \\ \cline{2-2} & 21 \end{array}$$

他又作出对自己危险之局.乙经过计算，知道要在上行取走一子，便能把它化为对自己安全之局：

$$\begin{array}{lr} 2 & 10 \\ 2 & 10 \\ \cline{2-2} & 20 \end{array}$$

甲再取走子后，余下的便是

$$\begin{array}{cr} 2 & 10 \\ 1 & 1 \\ \cline{2-2} & 11 \end{array}$$

乙又随着把它变为安全之局：

$$\begin{array}{cr} 1 & 1 \\ 1 & 1 \\ \cline{2-2} & 2 \end{array}$$

这样乙便稳当地获得最后吃子的胜利.

总之，参加者只要把对方每一次危险的机会化为对自己安全的棋局，便稳操胜券.因而，每走一步，心里都得有个二进制的谱.

这种游戏在用二进制表示后就得到了解答，从而二进制表示法也就得到了它的一种应用.

2.3 幻方与魔阵

幻方的出现及其成为数学游戏，已有悠久的历史，它最早大概出现于 3000 年前.我国上古时代的“洛书”的图形便是一个幻方(图 2-9).

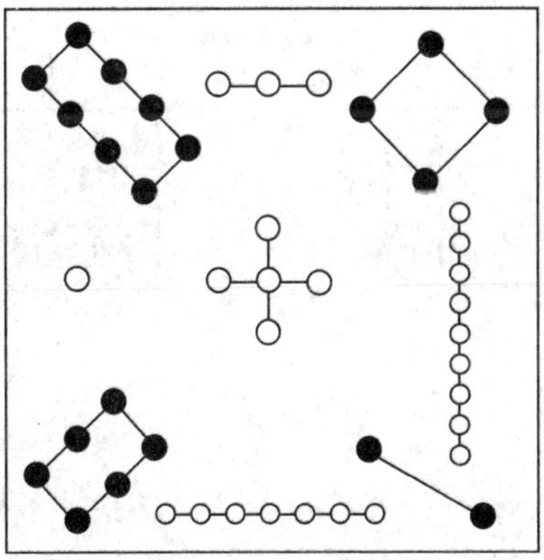

图 2-9

这个幻方用数字表示便是(图 2-10)：

8	3	4
1	5	9
6	7	2

图 2-10

幻方是一个方形，它每边含有相同数目的格数.每边的格数可称为它的“阶”.上述的洛书便是一个三阶的幻方.幻方的特点是：每行数字之和，每列数字之和，以及两对角线上的数字之和，都是相等的．在此幻方中，这个和是 15，15 也被称为它的“魔数”．

下面是一个四阶的幻方(图 2-11)，它的魔数是 34．

16	2	3	13
5	11	10	8
9	7	6	12
4	14	15	1

图 2-11

制作这些有趣的幻方，并不是件难事，如果一个幻方的阶数是奇数，可以用以下的方法来制作(图 2-12，图 2-13)：

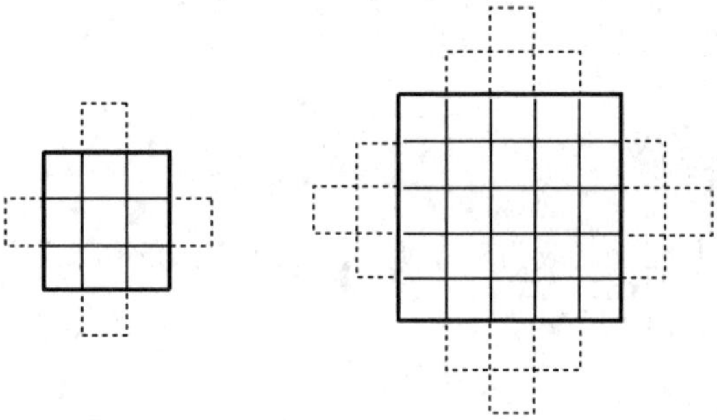

图 2-12

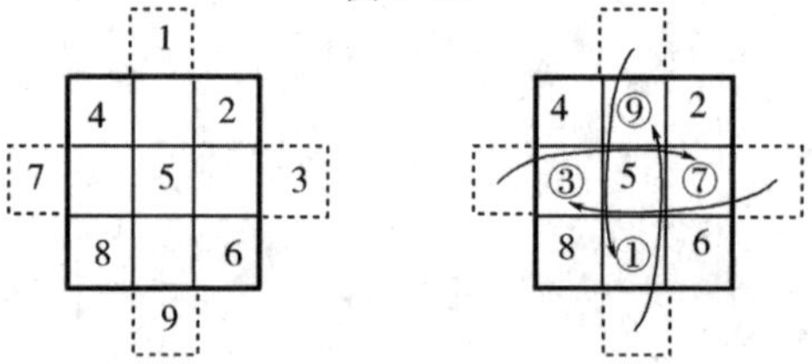

图 2-13

制作一个三阶的幻方，要先作出一个三阶的方形，并且在每边的中间向方形外边多作一格．然后，从上一格开始填数字，依着斜线顺序填入．一斜行填好，再填下一斜行．行与行之间保留了一些空格，就像国际象棋的棋盘那样黑白相间．最后，只要把凸在方形外的格中的数字，分别移到其对面中间的空格中，便构成了一个幻方．

制作一个五阶的幻方，方法类似．先作一个每边有五格的方形，然后如图 2-14 所示每边向方形外作四个格子．同样从最后一格开始填数字，依着斜线顺序填入．

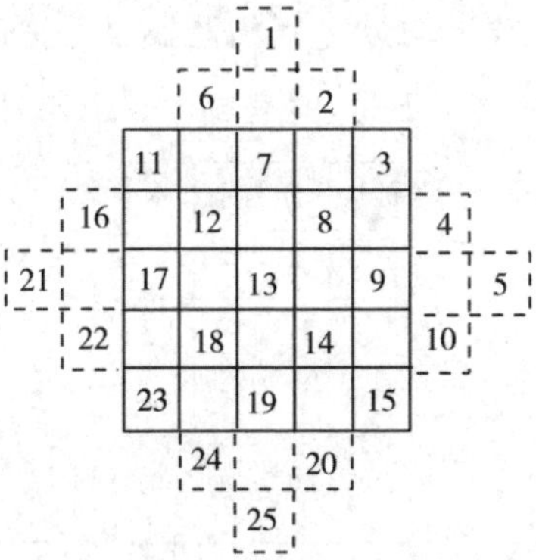

图 2-14

然后把每边凸在方形外的数字，移到其对面内侧的空格中，如图 2-15 所示.

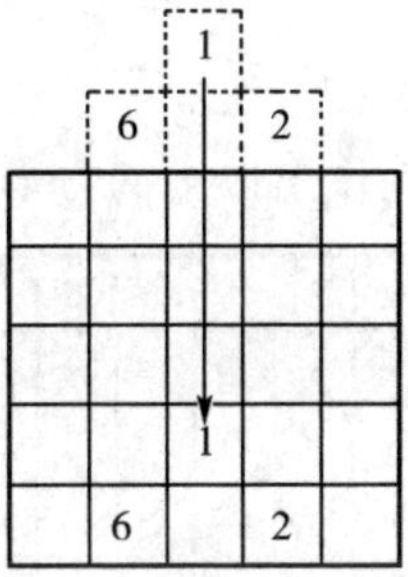

图 2-15

这样，把每边凸在方形外的数字一一移入方形内侧后，便得一幻方，如图 2-16 所示：

11	24	7	20	3
4	12	25	8	16
17	5	13	21	9
10	18	1	14	22
23	6	19	2	15

图 2-16

上述五阶幻方的魔数是 65.

制作偶阶幻方没有普遍可行的方法，制作不同阶的偶阶幻方要使用不同的方法. 我们先来看看四阶幻方的制作法.

如图 2-17 所示，作一方形内含 16 小格. 依次由左开始，每列顺次填入数字 1,2,3,…,16. 然后，考虑两对角线上的数字，以方形的中心为对称中心，把对角线上的数字互相调换至对称的位置，不在对角线上的数字不动(图 2-18). 于是，就完成了一个四阶幻方，其魔数为 34.

1	2	3	4
5	6	7	8
9	10	11	12
13	14	15	16

图 2-17

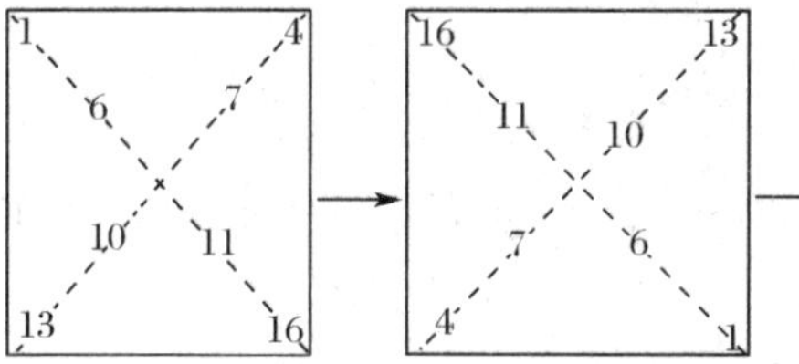

16	2	3	13
5	11	10	8
9	7	6	12
4	14	15	1

图 2-18

制作八阶的幻方，可先作出以下的方形及特别的斜线(图 2-19).

①	2	3	④	⑤	6	7	⑧
9	⑩	⑪	12	13	⑭	⑮	16
17	⑱	⑲	20	21	㉒	㉓	24
㉕	26	27	㉘	㉙	30	31	㉜
㉝	34	35	㊱	㊲	38	39	㊵
41	㊷	㊸	44	45	㊻	㊼	48
49	㊿	(51)	52	53	(54)	(55)	56
(57)	58	59	(60)	(61)	62	63	(64)

图 2-19

由左上角开始，从左到右，每列依次填上数字，凡数字在斜线经过的格中都特别作了记号. 在 64 格中填好数字后，再来调换有记号的数字. 调换的方法是以方形的中心点为对称点，有记号的数字都要调换到对称的位置：例如①和(64)对调，⑩和(55)对调，⑪和(54)对调，⑤和(60)对调，等等.

图 2-20 表示一些对称于中心 O 的位置. A,A'；B,B'；C,C'都是要互换位置的数字. 经过这样的调换后，就完成了一个八阶的幻方. 经过检验，它每行、每列及对角线数字之和都是 260(图 2-21).

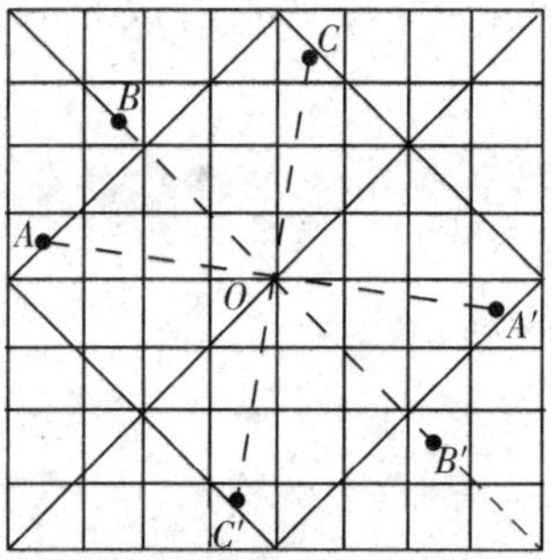

图 2-20

64	2	3	61	60	6	7	57
9	55	54	12	13	51	50	16
17	47	46	20	21	43	42	24
40	26	27	37	36	30	31	33
32	34	35	29	28	38	39	25
41	23	22	44	45	19	18	48
49	15	14	52	53	11	10	56
8	58	59	5	4	62	63	1

图 2-21

在上述的例子中全都是以数字 1，2，3，… 作为幻方内的数，其实不使用这些数也可作幻方. 所选的数只要是一串构成算术级数的数即可. 因此，它们不必由 1 开始，也不必每两个相继的数相差为 1.

以下两例，是分别使用算术级数 6，8，10，… 及 -2.5，-2.0，-1.5，…所作成的幻方(图 2-22).

20	6	16
10	14	18
12	22	8

魔数＝42

1.0	−2.5	0
−1.5	−0.5	0.5
−1.0	1.5	−2.0

魔数＝−1.5

图 2-22

一个幻方的魔数和它的阶数，以及构成算术级数的数字的首项与公差，都有些什么关系呢？要找出这些关系，先来考察一个四阶幻方.

设这个四阶幻方由下列算术级数构成：

$$a, a+d, a+2d, a+3d, \cdots, a+15d$$

这个幻方的一种排列如图(2-23)：

$a+15d$	$a+d$	$a+2d$	$a+12d$
$a+4d$	$a+10d$	$a+9d$	$a+7d$
$a+8d$	$a+6d$	$a+5d$	$a+11d$
$a+3d$	$a+13d$	$a+14d$	a

图 2-23

以 MN 代表魔数，显然这里的 $MN=4a+30d$. 若把这幻方中所有 16 格的数目加起来便有

$$16a+(1+2+3+4+\cdots+15)d=16a+\frac{15\times16}{2}d$$

此幻方有四行，而每行的和便是魔数，故

$$MN=\frac{1}{4}(16a)+\frac{15\times16}{2\times4}d$$

现在我们考虑一个 n 阶的幻方，n 是大于 2 的自然数. 假设该算术级数的首项为 a，公差为 d，则其最后一项必为

$$a+(n^2-1)d$$

即 $$a,a+d,a+2d,\cdots,a+(n^2-1)d$$

此数列的和是

$$n^2a+[1+2+3+\cdots+(n^2-1)]d=n^2a+\frac{(n^2-1)n^2}{2}d$$

所以

$$MN=\frac{1}{n}\left\{n^2a+\frac{(n^2-1)n^2}{2}d\right\}=na+\frac{n}{2}(n^2-1)d$$

利用此公式可以求得任何幻方的魔数. 例如，一个四阶幻方，由数字 5,7,9,…构成(图 2-24)，则

$$MN=4\times5+\frac{4}{2}\times(4^2-1)\times2=20+60=80$$

又如，一个五阶幻方，若它是由 −15，−12，−9… 构成(图 2-24)，则

$$MN=5\times(-15)+\frac{5}{2}\times(5^2-1)\times3$$
$$=-75+180=105$$

35	7	9	29
13	25	23	19
21	17	15	27
11	31	33	5

$MN=80$

33	54	−15	6	27
51	−3	3	24	30
−6	0	21	42	48
12	18	39	45	−9
15	36	57	−12	9

$MN=105$

图 2-24

在最初所举的那些幻方中，首项都是1，公差也都是1，即由1,2,3,4,…构成，所以

$$a=d=1$$

$$MN=na+\frac{n}{2}(n^2-1)d=n+\frac{n}{2}(n^2-1)=\frac{n^3+n}{2}$$

这时，幻方的阶数便是唯一决定魔数的量. 所以，三阶幻方的魔数为$\frac{3^3+3}{2}=15$，四阶幻方的魔数为$\frac{4^3+4}{2}=34$，五阶幻方的魔数为$\frac{5^3+5}{2}=65$.

明白了魔数、阶、首项及公差之间的关系，便可作出预先指定魔数及阶的幻方. 例如，要作一个魔数为71的五阶幻方，就可以这么推算：

$$71=5a+\frac{5}{2}(25-1)d$$

$$\frac{71}{5}=a+12d$$

显然，这里有无限多的选择. 比如，选 $d=0.6$，则 $a=7$，因而数列为7,7.6,8.2,8.8,…，至于作幻方的方法，前面已讲过，不再赘述.

在方形的格中填数字的游戏，除了以上所介绍的幻方之外，还有一种可称之为魔阵的游戏. 一个魔阵是一个方形，其中填上 n^2 个数字，这里的 n 是个自然数. 魔阵太小不好玩，通常用4×4或稍大的方形. 每个魔阵应符合如下性质：随便在其中选出一个数字，然后把这个数字的同行及同列的数字划去；随后又在余下的数字中任选第二个数字，并划去其同行及同列的数字；如此继续下去，直至选到最后一个数字为止. 这样所有选出的数字的和是一个确定的数. 这个数就是此魔阵的"魔数". 如图2-25便是一个小魔阵：

14	9	13	8
13	8	12	7
12	7	11	6
9	4	8	3

图2-25

这类魔阵是怎样制作的呢？其制作的关键就在于列出一个加法表. 例如上面的魔阵便是由数字6,5,4,1分别和8,3,7,2两两相加后，顺次填入方形之格中而得. 而魔阵的魔数便是原来8个数字之和，

即 $6+5+4+1+8+3+7+2=36$. 上述魔阵之加法表也可图示如下(图 2-26):

+	8	3	7	2
6	14	9	13	8
5	13	8	12	7
4	12	7	11	6
1	9	4	8	3

图 2-26

魔阵之所以具有这样的性质,可以剖析如下:设一个 4×4 的魔阵由 a,b,c,d 和 e,f,g,h 两组数结合而成,则其加法表如图 2-27 所示:

+	e	f	g	h
a	$a+e$	$a+f$	$a+g$	$a+h$
b	$b+e$	$b+f$	$b+g$	$b+h$
c	$c+e$	$c+f$	$c+g$	$c+h$
d	$d+e$	$d+f$	$d+g$	$d+h$

图 2-27

事实上,经上述选取和划去的程序后,所选数字之和必然是 $a+b+c+d+e+f+g+h$. 因为所说的选取和划去程序正好保证了这 8 个数字中的每个数被且只被选到一次. 这表明我们在多变的魔阵中找到了不变的因素,即该魔阵的魔数.

2.4 完全数、亲和数与亲和数链

很难找到一组整数,能像完全数这样,有如此引人入胜的历史,有如此优美的性质.

完全数是等于其真因子之和的数.(正整数 N 的真因子是除了 N 本身以外的全部正整数因子. 注意:1 是 N 的真因子.)最小的完全数是 6,因为 $6=1+2+3$. 其次一个是 28,因为 $28=1+2+4+7+14$. 在完全数理论方面的第一个重大成就是欧几里得所证得的如下结果:如果 2^n-1 是一个素数,则 $2^{n-1}(2^n-1)$ 是一个完全数. 由欧几里得公式所给出的完全数是偶数;并且,两千年后,欧拉证明:每一个偶完全数必定是这种形式.

要想直觉地把握上述欧几里得的著名公式,还得把具有优美动人的性质的完全数与一个更为有趣的故事相联系.传说波斯王酷爱下棋,因而告诉棋的发明者,他可以得到他想要的任何礼物.发明者提出了一个似乎很适度的要求,即想得到一些麦子,麦粒数是按下述方法计算出来的:在棋盘的第一个方格中放 1 粒麦子,在第二个方格中放 $2^1=2$ 粒麦子,第三个方格中放 $2^2=4$ 粒麦子,第四个方格中放 $2^3=8$ 粒麦子等,直到六十四个方格都放上 2 的乘幂粒麦子.如此计数的结果是:最后一个方格需要 9 223 372 036 854 775 808 粒麦子.总共的麦粒数是这个数的二倍减 1,是当时世界上小麦年产量的几千倍.

如图 2-28 所示,棋盘的每一个方格中标记了应该放的麦粒数.从一个方格中取走一粒,留下 2^n-1 颗麦粒——这正是欧几里得公式中括号内的表达式.如果这个数是素数,就以其前一个方格中的麦粒数(这就是 2^{n-1})乘之.如此,我们就得到了完全数.2^n-1 这种形式的素数被称作梅森素数.图中有阴影的方格所标的数就是减去 1 能成为梅森素数的数.

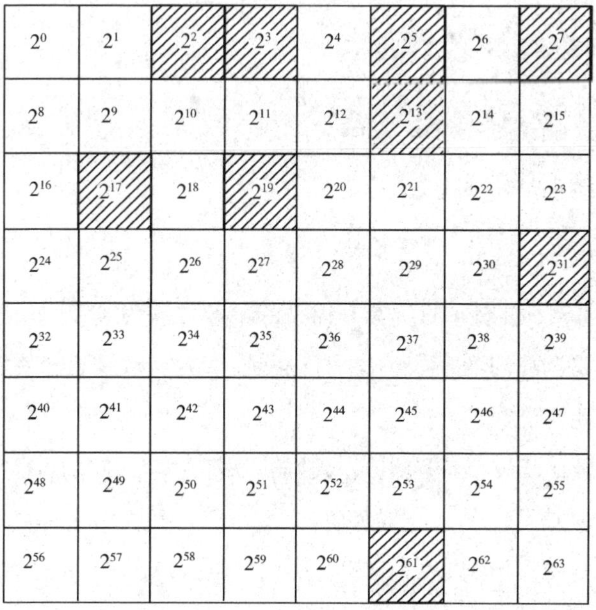

图 2-28

从上述欧几里得公式易得完全数的许多优美的性质.例如,所有的完全数都是三角形数，意指完全数的麦粒总能摆成等边三角形. 换句话说，每一个完全数均可表成无穷级数 $1+2+3+4+\cdots$ 的某前 n 项的和. 例如，容易证明：除了 6 之外，每一个完全数均可表成奇数的立方的级数 $1^3+3^3+5^3+\cdots$ 的某前 n 项的和.

除 6 以外的每个完全数的数字根是 1. 这指的是：将一个完全数的各个数字相加而得一数，再把这个数的数字相加，直到仅由一个数字构成的数为止. 这个数叫作该完全数的数字根，并且总是 1. 例如，由 28 而有 $2+8=10$，从而又有 $1+0=1$，此时 1 就是 28 的数字根. 这等价于：它除以 9 余 1.

完全数与 2 的幂的关系如此密切，因而可以期望：在以二进制表示时，有某种引人注目的模式.

还有一个令人惊讶的性质是：完全数的所有真因子的倒数之和是 2. 例如，以 28 为例：

$$\frac{1}{1}+\frac{1}{2}+\frac{1}{4}+\frac{1}{7}+\frac{1}{14}+\frac{1}{28}=2$$

这个定理很容易根据完全数的定义证明：因为完全数 n 等于其所有真因子的和，所以其所有因子之和等于 $2n$. 令 $a,b,c,\cdots$ 为所有这些因子，我们能得出下列整式：

$$\frac{n}{a}+\frac{n}{b}+\frac{n}{c}+\cdots=2n$$

两边用 n 除，即得

$$\frac{1}{a}+\frac{1}{b}+\frac{1}{c}+\cdots=2$$

反之亦真. 如果 n 的所有真因子的倒数之和为 2，则 n 是完全数.

关于完全数的两个未解决的问题是：奇完全数是否存在？ 是否有无穷多个偶完全数？

完全数的历史是颇为引人入胜的. 1876 年，法国数学家卢卡斯宣布他的发现：$2^{126}(2^{127}-1)$是完全数.

表 2-2 所显示的是 24 个已知的完全数和每一个完全数的位数. 至于每个完全数的具体数字，当然只能写出几个位数不太多的完全数.

表 2-2

	公 式	完 全 数	完全数的位数
1	$2^1(2^2-1)$	6	1
2	$2^2(2^3-1)$	28	2
3	$2^4(2^5-1)$	496	3
4	$2^6(2^7-1)$	8 128	4
5	$2^{12}(2^{13}-1)$	33 550 336	8
6	$2^{16}(2^{17}-1)$	8 589 869 056	10
7	$2^{18}(2^{19}-1)$	137 438 691 328	12
8	$2^{30}(2^{31}-1)$	2 305 843 008 139 952 128	19
9	$2^{60}(2^{61}-1)$		37
10	$2^{88}(2^{89}-1)$		54
11	$2^{106}(2^{107}-1)$		65
12	$2^{126}(2^{127}-1)$		77
13	$2^{520}(2^{521}-1)$		314
14	$2^{606}(2^{607}-1)$		366
15	$2^{1278}(2^{1279}-1)$		770
17	$2^{2280}(2^{2281}-1)$		1373
18	$2^{3216}(2^{3217}-1)$		1937
19	$2^{4252}(2^{4253}-1)$		2561
20	$2^{4422}(2^{4423}-1)$		2663
21	$2^{9688}(2^{9689}-1)$		5834
22	$2^{9940}(2^{9941}-1)$		5985
23	$2^{11212}(2^{11213}-1)$		6751
24	$2^{19936}(2^{19937}-1)$		12003

完全数的最后一位数字显示出另一个奥秘:偶完全数的最后一位数总是 6 或 8(如果最后一位是 8,前一位数字必为 2;如果最后一位是 6,除了 6 和 496 外,其前一位数字必为 1,3,5,7).已知的 24 个完全数的最后一位数是:

6,8,6,8, 6,6,8,8, 6,6,8,8

6,8,8,8, 6,6,6,8, 6,6,6,6

——这里似乎也存在着某种规律,多么有趣!

亲和数显然是从完全数推广而来的.关于亲和数的定义及其历史渊源,请参看 1.3 节,此处不再赘述.自毕氏学派发现第一对亲和数(284 和 220)之后,长时间无人问津.直到 1636 年,费马才发现另一对亲和数:17296 和 18416.他和笛卡尔独立地发现了构造某种类型的亲和数的规则,其实,9 世纪阿拉伯的天文学家早就给出了.利用此规则,笛卡尔发现了第三对亲和数:9363584 和 9437056.18 世纪,欧拉作出 64 对亲和数的表.1830 年,勒让德又发现了另一对亲和数.然后,在 1867 年,意大利 16 岁的少年帕加尼尼发现了一对被人疏漏掉的亲和数:1184 和 1210.这是所有大于 220 与 284 的亲和数中最小的一对亲和数.

表 2-3 列出小于十万的若干对亲和数:

表 2-3

1	220	284
2	1184	1210
3	2620	2924
4	5020	5564
5	6232	6368
6	10744	10856
7	12285	14595
8	17296	18416
9	63020	76084
10	66928	66992
11	67095	71145
12	69615	87633
13	79750	88730

所有已知的亲和数对,或者均为偶数,或者均为奇数.不过,还没有人证明:奇偶配对的亲和数一定不存在.

亲和数对之所以成立,是由于:甲数的真因子的和等于乙数,乙数的真因子的和等于甲数,我们把这称作两个"来回".如果回到原来的数超过两个"来回",就称它们为亲和数链.现在知道两条亲和数链:一条是有 5 个"来回"的,即 12496,14288,15472,14536 和 14264;另一条是从 14316 开始的有 28 个"来回"的链.在亲和数链理论中最大的未解决的问题是:是否存在 3 个"来回"的链.

关于完全数和亲和数的课题,既促进了代数学的发展,又促进了数论的研究.

2.5 斐波那契数列

斐波那契(1175—1250)是中世纪最杰出的数学家之一.《算盘书》是他的名著.19 世纪以来,由于《算盘书》中的一个数学游戏问题,他才被家喻户晓,闻名天下.

这个问题是:假定一对成熟的兔子每过一个月生一对兔子,假定它们出生两个月后生子,而且正好是生雌雄一对,并且在每一个相继的月末生这么一对.今年年底把一对成熟的兔子放到一个围场里去繁殖，如果没有一只兔子死去，问到明年年底，在这个围场里有多少对兔子？

这个像树一样的示意图(图 2-29)显示出明年前 5 个月的情况．容易看出：每个月末兔子对数形成数列 1,2,3,5,8,…，其中每一个数是在它之前的两个数之和．到 12 月底，共有 377 对兔子．

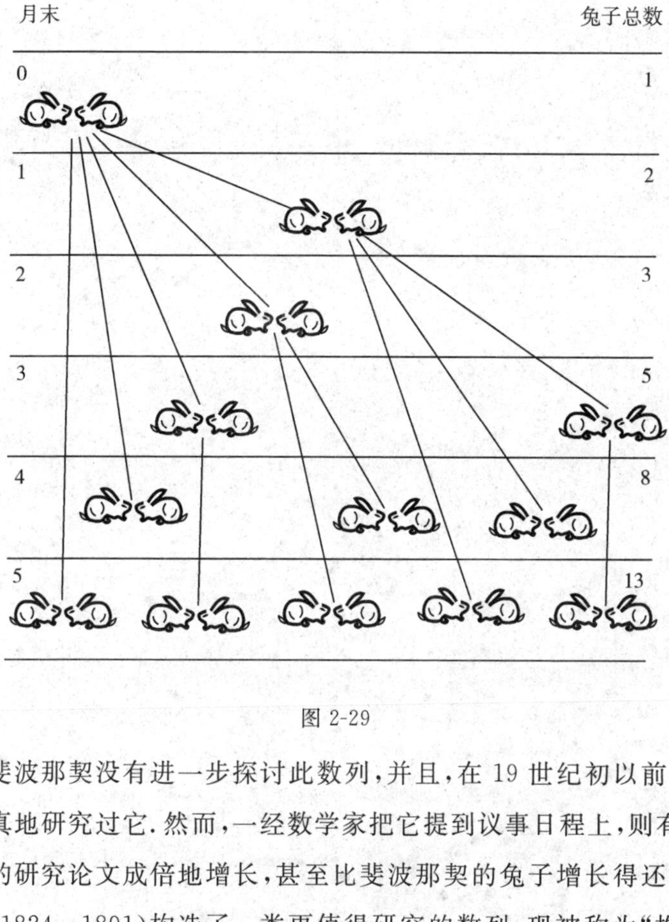

图 2-29

斐波那契没有进一步探讨此数列，并且，在 19 世纪初以前，没有人认真地研究过它．然而，一经数学家把它提到议事日程上，则有关此数列的研究论文成倍地增长，甚至比斐波那契的兔子增长得还快．卢卡斯(1824—1891)构造了一类更值得研究的数列，现被称为“推广的斐波那契数列”，即：从任何两个正整数开始，往后的每一个数是其前两个数之和．他称斐波那契数列 1,1,2,3,5,8,13,21,…为这类数列中最简单的；次一个最简单的是：1,3,4,7,11,18,…，现在被称为卢卡斯数列．在斐波那契数列中每一个数的位置，通常以脚码表示，例如 $F_1=1$，$F_2=1$，$F_3=2$，等等．F_n 为其通项，F_{n+1} 是 F_n 后面的项，F_{n-1} 是 F_n 前面的项，F_{2n} 是脚码 2 倍于 F_n 的 F 数，等等．

斐波那契数列引起了许多人的兴趣，部分地是由于它竟然会转到意想不到的方面去，但主要地还是由于数论的许多业余爱好者，仅用简单算术就能探究该数列的许许多多奇妙的定理. 现在已发现该数列对计算机的程序设计有用，尤其是在数据处理、信息检索和随机数的生成等方面. 现将前 40 个斐波那契数和卢卡斯数列于表 2-4 中.

表 2-4

F_1	1	L_1	1
F_2	1	L_2	3
F_3	2	L_3	4
F_4	3	L_4	7
F_5	5	L_5	11
F_6	8	L_6	18
F_7	13	L_7	29
F_8	21	L_8	47
F_9	34	L_9	76
F_{10}	55	L_{10}	123
F_{11}	89	L_{11}	199
F_{12}	144	L_{12}	322
F_{13}	233	L_{13}	521
F_{14}	377	L_{14}	843
F_{15}	610	L_{15}	1364
F_{16}	987	L_{16}	2207
F_{17}	1597	L_{17}	3571
F_{18}	2584	L_{18}	5778
F_{19}	4181	L_{19}	9349
F_{20}	6765	L_{20}	15127
F_{21}	10946	L_{21}	24476
F_{22}	17711	L_{22}	39603
F_{23}	28657	L_{23}	64079
F_{24}	46368	L_{24}	103682
F_{25}	75025	L_{25}	167761
F_{26}	121393	L_{26}	271443
F_{27}	196418	L_{27}	439204
F_{28}	317811	L_{28}	710647
F_{29}	514229	L_{29}	1149851
F_{30}	832040	L_{30}	1860498
F_{31}	1346269	L_{31}	3010349
F_{32}	2178309	L_{32}	4870847
F_{33}	3524578	L_{33}	7881196
F_{34}	5702887	L_{34}	12752043
F_{35}	9227465	L_{35}	20633239
F_{36}	14930352	L_{36}	33385282
F_{37}	24157817	L_{37}	54018521
F_{38}	39088169	L_{38}	87403803
F_{39}	63245986	L_{39}	141422324
F_{40}	102334155	L_{40}	228826127

斐波那契数列及其推广数列最值得注意的性质是：相邻两数的比交替地大于或小于黄金比，并且，此数列继续下去，此差越来越小；该

比值无限趋近于黄金比,即以黄金比为极限.如所知,黄金比是一个著名的无理数,即 0.61803….它是从 1 与$\sqrt{5}$的和取一半得到的.

斐波那契数列在植物世界中的一个最惊人的表现是:在某种向日葵的种子盘上的种子是按螺线排列的,计有两组对数螺线:一组顺时针转,一组逆时针转.如图 2-30 所示.两组螺线的条数不同,令人惊奇的是:两组螺线的条数往往成为相继的两个斐波那契数.普通大小的向日葵有 34 和 55 条螺线,但是,大向日葵有高达 89 和 144 条的,甚至还有一个更大的向日葵有 144 和 233 条螺线.

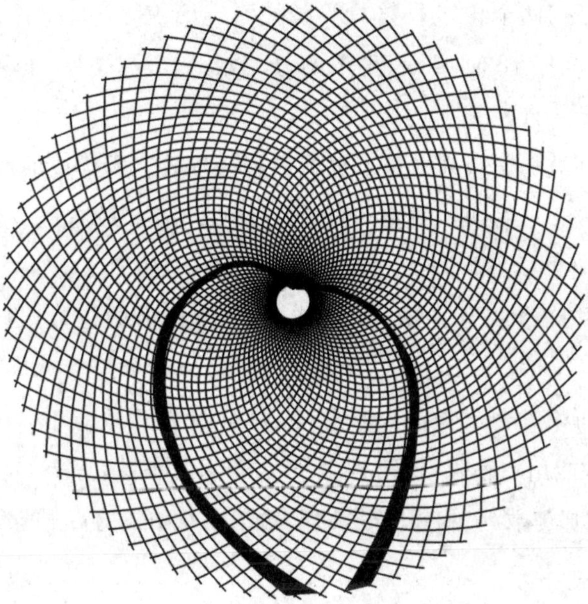

图 2-30　有 55 条逆时针方向螺线,89 条顺时针方向螺线的向日葵

斐波那契数列与黄金比的密切关系,从下列的通项公式中可以看出:

$$F_n=\frac{1}{\sqrt{5}}\left[\left(\frac{1+\sqrt{5}}{2}\right)^n-\left(\frac{1-\sqrt{5}}{2}\right)^n\right]$$

此等式给出斐波那契数列第 n 项的准确值,因为$\sqrt{5}$被消去了.

准确地给出卢卡斯数列第 n 项的公式是:

$$L_n=\left(\frac{1+\sqrt{5}}{2}\right)^n+\left(\frac{1-\sqrt{5}}{2}\right)^n$$

在推广斐波那契数列中,前 n 项的和是 $F_{n+2}-F_2$.这是一种令人喜爱的快速计算游戏.游戏主持人把任何两个开始的数摆上,然后写出推广的斐波那契数列中的尽可能多的项，让你在任何两个数之间画一条线，主持人能迅速给出这条线上方的所有各项之和. 主持人需要做的只是：记住该直线下方的第 2 项（即 F_{n+2}），用它减去该线上方的第 2 项（即 F_2）即可.

标准的斐波那契数列有如下一些著名的性质，它们中的大多数难以证明.

(1) F_n^2 与 $F_{n-1} \cdot F_{n+1}$ 之差为 1（对于卢卡斯数列，常差为 5）；随着数列继续下去，此差交替地为正或负.

(2) 任何两个相邻 F 数的平方和 $F_n^2 + F_{n+1}^2$ 是 F_{2n+1}^2.

(3) 对于任何四个相邻的 F 数：A, B, C, D，下列公式成立：$C^2 - B^2 = A \times D$.

(4) 斐波那契数列中每个数的最右一位数字所构成的数列，每 60 个循环一次. 最右两位数字，每 300 个循环一次. 最右三位数字，每 1 500 个循环一次. 最右四位数字，每 15 000 个循环一次. 最右五位数字，每150 000个循环一次. 并且，对于所有更多的位数，也有相应的循环.

(5) 每第三个 F 数能用 2 整除，每第四个 F 数能用 3 整除，每第五个 F 数能用 5 整除，每第六个 F 数能用 8 整除，等等. 这些除数又构成斐波那契数列. 相邻的斐波那契数（以及相邻的卢卡斯数）除 1 外无公因数.

(6) 除了 3 以外，每一个素数的 F 数有素数为其脚码（例如，233 是素数，它的脚码 13 也是素数）. 另一方面，如果一个 F 数的脚码是合数，则该数也是合数. 遗憾的是，反过来不全真：有素数为其脚码，未必意味着该数是素数. 第一个反例是 $F_{19} = 4181$，脚码是素数，但 $4181 = 37 \times 113$ 非素数.

斐波那契数列应用于物理和数学的例子也很多. 例如，通过面对面的玻璃板的斜光线的路线（图 2-31）：1 条不反射的光线以唯一的 1 条路线通过玻璃板；如果光线反射 1 次，有 2 条路线；如果反射 2 次，有 3 条路线；如果反射 3 次，有 5 条路线. 反射次数 n 增加，可能的路线数构成斐波那契数列. 对于 n 次反射，路线数为 F_{n+2}.

类似地，该数列可应用于蜜蜂爬过六角形蜂房所取的不同路线.

蜂房向右伸展到任意远,假定该蜜蜂总是向相邻的蜂房移动而且总是向右移动. 不难证明:到蜂房 0 有一条路,到蜂房 1 有两条路,到蜂房 2 有 3 条路,到蜂房 3 有 5 条路,等等. 和前面一样,当 n 是所涉及的蜂房时,路线数是 F_{n+2}(图 2-32).

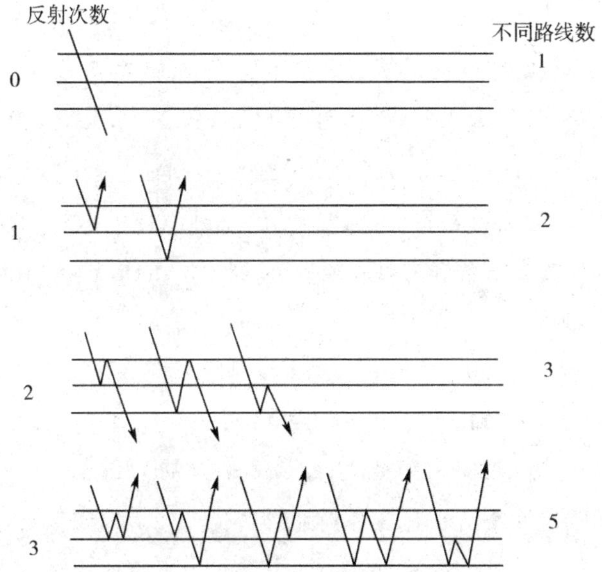

图 2-31　一条光线通过两块玻璃板,反射 n 次有 F_{n+2} 种不同路线

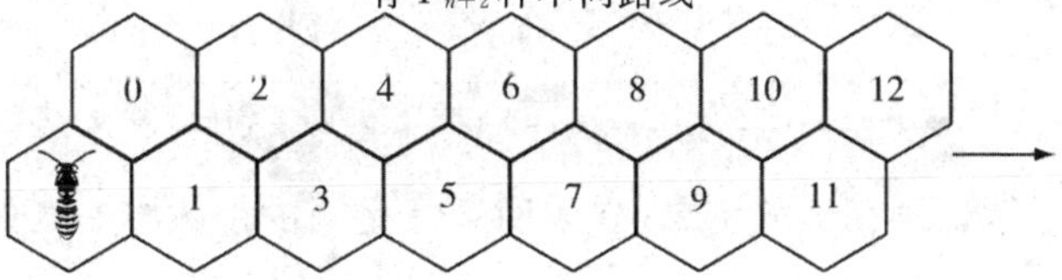

图 2-32　该蜜蜂爬过 n 个蜂房有 F_{n+2} 条不同路线

用骨牌(1×2 矩形)挤满 2×K 矩形的方法数也可用斐波那契数列计算:挤满 2×1 矩形有 1 种方法,挤满 2×2 矩形有 2 种方法,挤满 2×3 矩形有 3 种方法,挤满 2×4 矩形有 5 种方法,等等.

从斐波那契的兔子问题引出了斐波那契数列,在研究斐波那契数列的过程中又创造了许多实用方法. 妙哉数学!

2.6　大衍求一术

《孙子算经》成书不迟于 3 世纪,大体在 67—270 年. 全书分三卷. 卷下有一个具有重大意义的问题:"今有物不知其数,三三数之剩二;

五五数之剩三；七七数之剩二.问物几何？答曰：二十三.”今译之，即：现有一些东西，不知其数.三个三个地数剩两个，五个五个地数剩三个，七个七个地数剩两个；也就是说，被 3 除余 2，被 5 除余 3，被 7 除余 2.问这些东西有多少？这就是后来驰名中外的“大衍求一术”的起源.

《孙子算经》中此题的解法是：“术曰：三三数之剩二，置一百四十；五五数之剩三，置六十三；七七数之剩二，置三十；并之，得二百三十三，以二百一十减之即得.凡三三数之剩一，则置七十；五五数之剩一，则置二十一；七七数之剩一，则置十五.一百六以上，以一百五减之即得.”用现代的方法解释之，即：以 $3[M]$ 表示 3 的倍数，$5[M]$ 表示 5 的倍数等等，则

$$70 = 3[M] + 1 = 5[M] = 7[M] \tag{1}$$

$$21 = 3[M] = 5[M] + 1 = 7[M] \tag{2}$$

$$15 = 3[M] = 5[M] = 7[M] + 1 \tag{3}$$

用 3,5,7 除得的余数 2,3,2 分别乘(1),(2),(3)式，便得

$$\begin{array}{r} 140=3[M]+2=5[M]=7[M] \\ 63=3[M]=5[M]+3=7[M] \\ 30=3[M]=5[M]=7[M]+2 \\ \hline 233=3[M]+2=5[M]+3=7[M]+2 \end{array}$$

最后一行是三式相加的结果.它表明 233 是 3 的倍数多 2，5 的倍数多 3，7 的倍数多 2，正是所求的解.减去两次 105，即得最小数 23.

《孙子算经》的“物不知数”题，数字很简单，用试验的方法就可以得出答案.如果数字较大，用余式的个数又多，凭猜测试验就不能解决问题了.这种一般性的一次同余式组的科学解法，是由秦九韶(生活于 13 世纪中期)首先解决的.他的基本思路是：把“物不知数”问题改变一下形式，将除得的余数 2,3,2 分别用 r_1, r_2, r_3 表示，除数 3,5,7 分别用 p_1, p_2, p_3 表示，就有

$$\begin{cases} N \equiv r_1 \pmod{p_1} \\ N \equiv r_2 \pmod{p_2} \\ N \equiv r_3 \pmod{p_3} \end{cases}$$

解法也随之变成：

$$N=70r_1+21r_2+15r_3-105p \quad (p\text{ 为整数})$$

这里的 $105=3\times5\times7$，就是那三个除数 3，5，7 的乘积．以 M 表示这个积，那么 70、21、15 相当于 $2\times\frac{M}{p_1}$、$1\times\frac{M}{p_2}$、$1\times\frac{M}{p_3}$，用 K_1、K_2、K_3 分别代表 2、1、1，就有 $K_1\frac{M}{p_1}$、$K_2\frac{M}{p_2}$、$K_3\frac{M}{p_3}$．把这个问题推广到一般情况，设 $p_1,p_2,\cdots,p_l$ 为两两互余的除数，$r_1,r_2,\cdots,r_l$ 为 l 个余数，$M=p_1p_2\cdots p_l$，就有下面的同余式组：

$$\begin{cases}N\equiv r_1\pmod{p_1}\\N\equiv r_2\pmod{p_2}\\\vdots\\N\equiv r_l\pmod{p_l}\end{cases}$$

解法可用下式表示：

$$N=K_1\frac{M}{p_1}r_1+K_2\frac{M}{p_2}r_2+\cdots+K_l\frac{M}{p_l}r_l-pM$$

问题的关键在于使这些 $K_1,K_2,\cdots,K_l$ 分别满足同余式 $K_1\frac{M}{p_1}\equiv1\pmod{p_1}$，$K_2\frac{M}{p_2}\equiv1\pmod{p_2}$，$\cdots$，$K_l\frac{M}{p_l}\equiv1\pmod{p_l}$．

如果 $p_i(i=1,2,\cdots,l)$ 不是两两互素，秦九韶已经知道将它们化为互素的方法（计算太繁，从略）．

秦九韶的主要贡献就是得到了求 $K_i(i=1,2,\cdots,l)$ 的具体方法．他的求法是：先由 $\frac{M}{p_i}$ 累减 $p_i(i=1,2,\cdots,l)$，直到余数 $G<p_i$ 为止，这时有 $G\equiv\frac{M}{p_i}\pmod{p_i}$；随后，他用辗转相除法求出 K_i，具体求法是

$$\begin{array}{ll}p_i=Gq_1+r_1 & K_1=q_1\\G=r_1q_2+r_2 & K_2=q_2K_1+1\\r_1=r_2q_3+r_3 & K_3=q_3K_2+K_1\\r_2=r_3q_4+r_4 & K_4=q_4K_3+K_2\\\vdots & \vdots\\r_{n-2}=r_{n-1}q_n+r_n & K_n=q_nK_{n-1}+K_{n-2}\end{array}$$

最后的 r_n 等于 1 时，就不再往下计算了，这时 K_n 就是所求的数．（注意：K_n 就是 K_i 中的一个，两个脚码不是一回事，不可混淆．）所谓"求

一”就是指求到 $r_n=1$，这就是有名的“大衍求一术”.

在历史上，关于一次同余式的提出和解法，我国长期居于领先地位.时间稍迟，其他国家也提出类似的问题，如印度数学家阿利耶毗陀(约 476—550)曾提出相当于解同余式组

$$\begin{cases}8x\equiv4(\text{mod }29)\\17x\equiv7(\text{mod }45)\end{cases}$$

的问题，他用消元法解得结果 $x=1001$. 这一成果的出现在时间上已略晚于我国，其同余式的个数也少于我国. 约公元 1000 年前后伊斯兰学者阿尔·海坦有一个同余式问题：“一数分别除以 2，3，4，5，6，余数都是 1，除以 7，无余数，求这个数.”作者的答案不是解的最小者. 1202 年斐波那契的《算盘书》上有好几道一次同余式问题，然而其论述并未高出《孙子算经》的水平，并且其中也没有两两不互素模的问题. 1550 年用拉丁文写的哥廷根手稿，才有两两互素模同余式组的问题. 18 世纪西欧的欧拉、拉格朗日相继探讨同余式问题，1801 年德国数学家高斯出版《算术研究》，对同余式组解法得出与秦九韶相同的结果.

应该说，“物不知数”这样一个在我国民间广为流传的数学游戏问题，对不定方程的研究起到了奠基的作用.

2.7 柯尼斯堡七桥问题

柯尼斯堡处于普雷盖尔河口附近，有七座桥还包括一个岛，如图 2-33 所示. 柯尼斯堡的大学生常在这里散步. 有一天，一名大学生忽然想到：要试图走过每一座桥，而且仅通过一次. 同学们试图用“穷举法”解决问题，然而却行不通. 希望寄托在欧拉教授身上了，欧拉经过短短几天的思考，宣布：“要走过每一座桥，而且仅通过每座桥一次是不可能的.”

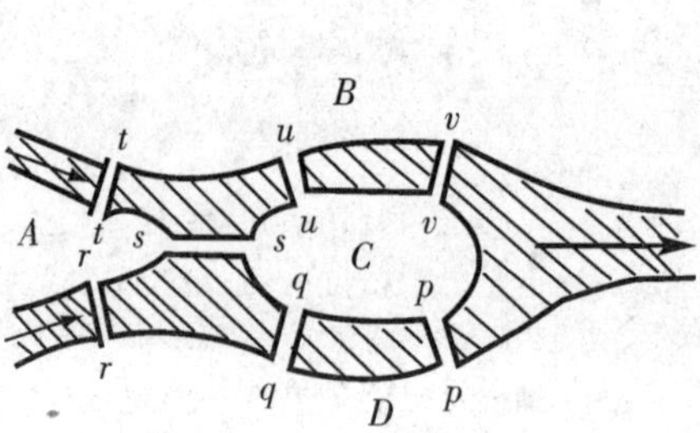

图 2-33

欧拉是怎么解决这个问题的呢？欧拉想到，既然岛与各岸陆地无非是桥梁的连接地点，那么，就不妨把这几处地点缩写成四个点，并把七座桥表示成七条线，如图 2-34 所示. 这样，就把图 2-33 简化成一笔画出图 2-34 的问题了.

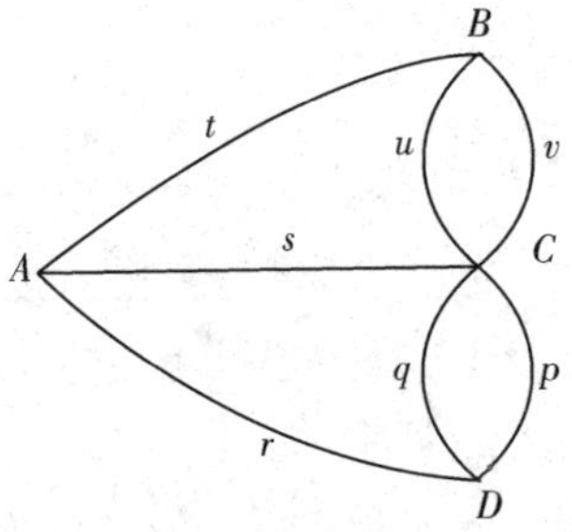

图 2-34

为此，欧拉提出了一些基本概念并且建立了一些基本命题.“结点”是线从它射出的点. 联结相邻结点的线叫“边”. 结点的“度数”是从它射出的边数. 结点被说成是“偶的”或“奇的”，依其度数是偶的或奇的而定.“路线”由能不通过两次的边组成. 能一笔画成的图被说成是“单行的”，否则称作“多行的”. 这就是欧拉提出的一些基本概念. 围绕这些概念，欧拉在确立下述命题上获得了成功：

(1)在任一图中，奇结点有偶数个.

(2)没有奇结点的图，能以结束于起点的、重新进入的路线单行地画出.

(3)正好有两个奇结点的图，能从一个奇结点开始，结束于另一个奇结点单行地画出.

(4)多于两个奇结点的图是多行的.

有了这些命题，否定一笔画图 2-34 的可能性就轻而易举了.

欧拉指出：用这种方法可以解决更加复杂的问题. 事实上，欧拉的方法为图论开辟了道路.

2.8　树形图

“连通图”是用线段连接起来的一组点，在这里，从任何点到任何其他点都有路(即有线段相连接). 如果不存在回路(即，从一点回到同一点的路)，则称作“树形图”或“树”.

连接两点的线是最简单的树形图,三个点也是以仅有的一种方式形成树,但是四个点能被连接成两个拓扑上相异的树,五个点生成三个树的集合,六个点生成六个树的集合(图 2-35).

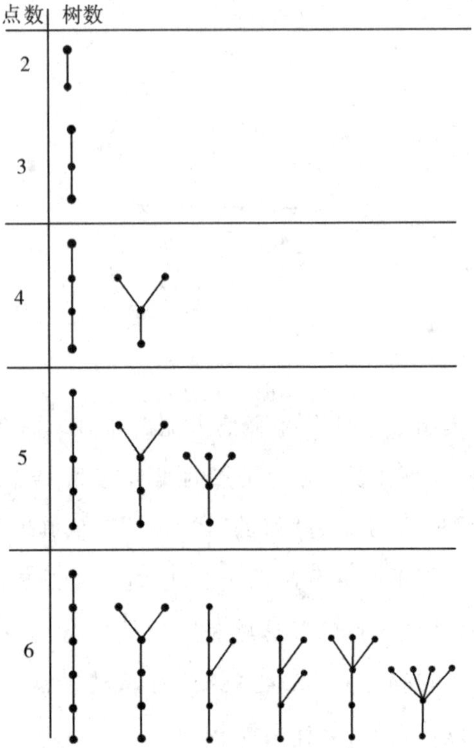

图 2-35　2 至 6 个点的拓扑上相异的树

七个点能生成十一个拓扑上相异的树(图 2-36).

八个点、九个点、十个点、十一个点、十二个点的树数相继为 23,47,106,235,551,…. 计算不同的 n 个点的树数,属于组合数学的范围.

所有上述的树都被称作“自由树”,以别于“有根树”(在其中,有一个点称为根,有别于所有其他点),也有别于“标号树”(在其中,所有点是彼此有区别的). 另外,还有其他类型的树.

树形图的基本概念,我们做了如上的概述,现在来讲一个与树形图有关的有趣的数学游戏. 有一种单人博弈以“钟式博弈”著称. 把一副扑克牌,4 张 1 堆分成 13 堆,扣过来放,如图 2-37 所示. 边上的数是钟面上的数字,第 13 堆(K 堆)放在中间. 把 K 堆的面上一张翻开,看它是几,就把它放在钟的第几个位置那堆下面(数字朝上). 然后,把该堆上面那张翻开，再依该张牌的数字把牌放在钟的相应位置那堆下面(数字朝上)．如此继续下去．如果你把 52 张牌全翻过了，你就赢了．如果你把 4 张 K 都翻出来了，还没有完全把牌全翻过，你就输了．

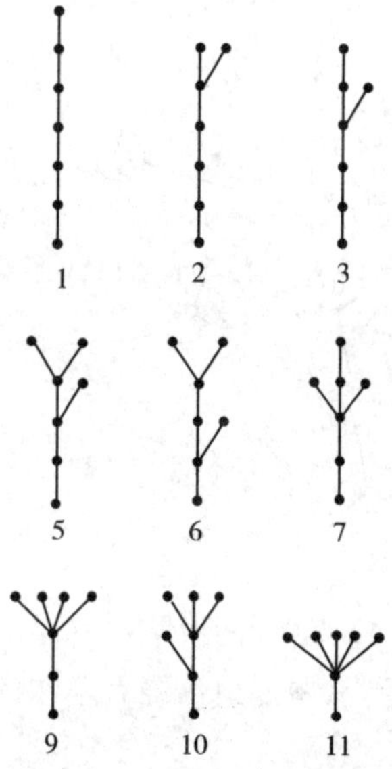

图 2-36　11 个 7 点树

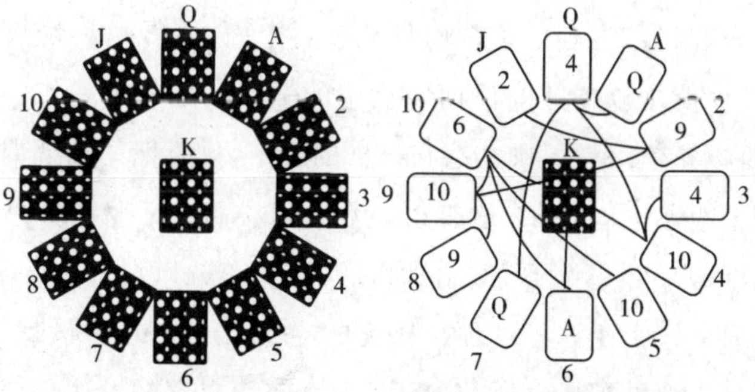

(a)钟式博弈开始位置　　(b)底牌及其树形联络

图 2-37

克努特(Knuth)发现：只要知道每堆最底下的那张牌是什么，就能预测赢输：博弈者得胜，当且仅当这 12 张底牌的联络形成树形图(联络办法是每张牌的数字与钟面位置数相连：K 处于钟面 6 的位置；12 张牌中恰有 6，处于钟面 10 的位置；12 张牌中三张是 10，分别处于 4、5、9 的位置；12 张牌中有两张是 4，分别处于 3 和 Q 的位置；但 12 张牌中无 3，Q 处于 A 和 7 的位置；12 张牌中无 5，9 处于钟面 8 和 2

的位置;12 张牌中无 8 但有 2,而 2 处于钟面 J 的位置(图 2-38),而与另外 40 张的排列无关.

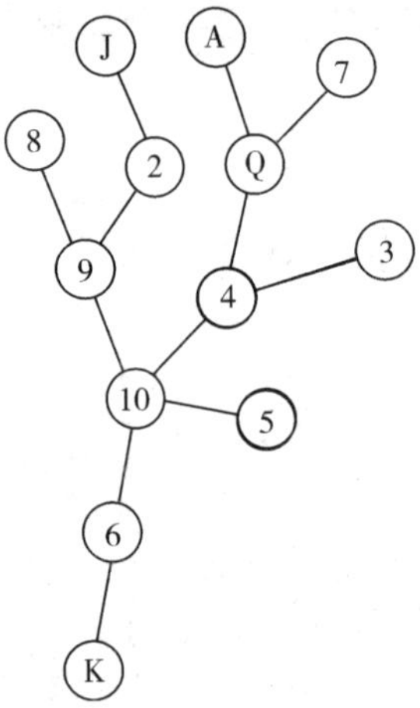

图 2-38 底牌联络的树形图

这是个耐人深思的问题,从中能引出饶有趣味的方法.

2.9 麦比乌斯带

一张纸有两个面和一条闭曲线形状的棱,这是尽人皆知的事.能否有那么一张纸,它有一条棱而且只有一个面,使得一只蚂蚁只要能够越过棱就能从该纸上的任何两点中的一点到达另外一点?——简直使人难以相信.但是,确实存在这样的纸带,只要把一条纸带作半扭转,再把两头贴上就行了.这是德国数学家 A. F. 麦比乌斯(Möbius,1790—1868)1858 年发现的.自那以后,这种带就以他的名字命名,称作麦比乌斯带.由于有了这种拓扑玩具,考虑当一个结构被赋予"连续形变"保持不变的那些性质的现代数学分支得以兴旺发达.

保持像麦比乌斯带的一面性那样的拓扑性质的形变,常被解释为:要求读者想象由软橡皮做成的结构,它能被塑造成任何形状,只要不把它穿孔或移去其一部分并贴到别处.——这是普遍的误解.保持拓扑性质的这种形变必须以更加专业的方式来定义:涉及从点到点的连续映射.两个结构拓扑上相等(或者用拓扑学者喜欢用的术语,"同胚"),而不能在我们的三维空间中像橡皮那样从一个形变为另一个:是完全可能的.例如,两条橡皮麦比乌斯带,一条是另一条的镜像,因为它们是以相反方向扭转的.不能够通过形变和扭转把一条形变成另一条,但是,它们在拓扑上结构相同.这对于一条麦比乌斯带和三个(或其他奇数)半扭转,同样成立.所有的有奇数次半扭转的带和它们的镜像是同胚的,然而没有谁能由橡皮经形变把一个变成另一个.对于有偶数次半扭转的带(和它们的镜像),同样成立.这样的带在拓扑上区别于那些有奇数次半扭转的带,但是它们彼此又是同胚的(图2-39).

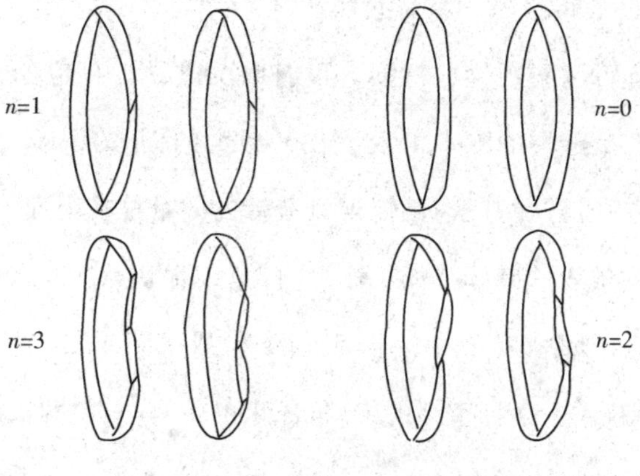

图 2-39 (左)有奇数次半扭转,(右)有偶数次半扭转

更严格地说,它们是在拓扑学者们说的内蕴的意义上(即只考虑曲面本身而不考虑它可能被镶嵌于其中的空间)同胚.这是因为麦比乌斯带模型被镶嵌于二维空间中,就不能形变为其反像或有三次半扭转的带.如果我们能把一条纸麦比乌斯带置于四维空间中,就有可能:经过形变成为不管向哪个方向作奇数次半扭转的带,再返回三维空间.类似地,没有扭转的带(拓扑上等同于圆柱面或一张有一个孔的纸)能被置于四维空间中:扭转,成为不管向哪个方向作任何偶数次半扭转的带,再返回三维空间.

当一条扭转带被镶嵌于三维空间中时,该带就获得当它被考虑为与其镶嵌空间无关时所不具有的外来的拓扑性质.在此意义上,我们才能说:一条麦比乌斯带拓扑上有别于一条有三次半扭转的带.

麦比乌斯带(或者其任何内蕴的等价形式)的最不可思议的拓扑性质是:当它被从带的中间破成两半时,结果不是两条带,而是一条更长的带.这条由"二分"得到的新带是双面、双棱的.把此模型镶嵌于三维空间中,它将有 $2n+2$ 次半扭转(在这里,n 是原来的带的奇数次半扭转数).如果 n 是 1,则新带有四次半扭转(这是偶数),使得它内蕴地同胚于圆柱面. 如果 n 是 3,则最后得到的新带有八次半扭转.

有偶数次(0,2,4,…)半扭转的带,从中间破成两半,总是产生两条分离的带:与原来的一样长,只是变窄了. 在三维空间中,每一条有 n 次半扭转,并且两条带环接 $n/2$ 次. 例如,当 n 为 2 时,二分产生两条带:每一条有两次半扭转,并且它像一条链的两个环环接在一起. 如果 n 为 4,一条带绕另一条带套两次.

魔术师可以利用这些性质,我们也可以设计相应的试验. 例如,我们可以把硝酸钾的浓水溶液涂在一条大的、厚的纸带的中心线上,然后,把这条带挂在钉子上,使得只有带的一半挂在上面. 当涂上硝酸钾溶液的这条线的底部被烟头燃着时,该线很快从两边向上烧,直到相遇于顶点. 于是,该带的一半落下,或生成一条长带,或生成两条彼此环接的带,或一条打了结的带,依原来的带有一次、两次或三次半扭转而定.

另一个意料不到的结果出现于有奇数次半扭转的带被“三分”时,结果是两条带:一条和原来的一样长,宽仅有原来的三分之一;另一条有原来的两倍长,宽也仅有原来的三分之一;彼此环接在一起. 当 n 为 1 时(即麦比乌斯带),“三分”产生一条窄的麦比乌斯带与一条有四次半扭转的长两倍的两面带相环接[参看图 2-40(c)]. 更有趣的是:如果带的中间三分之一被涂上红色,在“三分”后,我们能够把两条外面的“带”包在中间那条红色的“带”上,使红色不露面[图 2-40(b)].

麦比乌斯带有不少实际用途. 比如,两“面”录音的电影片,两面同样磨损的运输带,干洗机上用的自动清洗过滤带. R・L・戴维斯(Davis)于 1963 年又发明了麦比乌斯带无抗电阻.

可以说,麦比乌斯带这个数学游戏,不仅为纯数学而且为应用数学的发展提供了有益的启示.

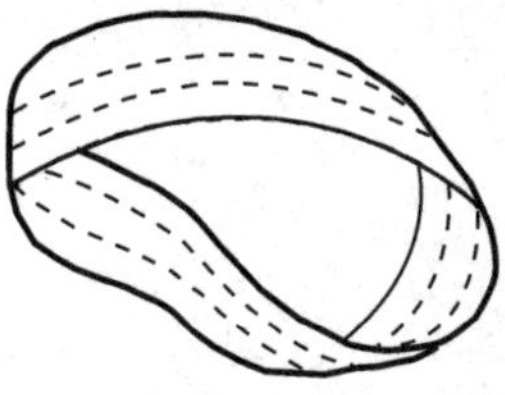

(a) 将带三分

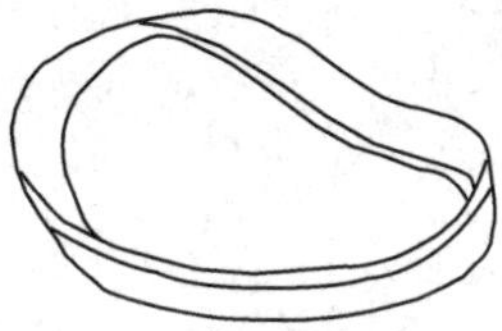

(b) 它们还能形成
三倍厚的带

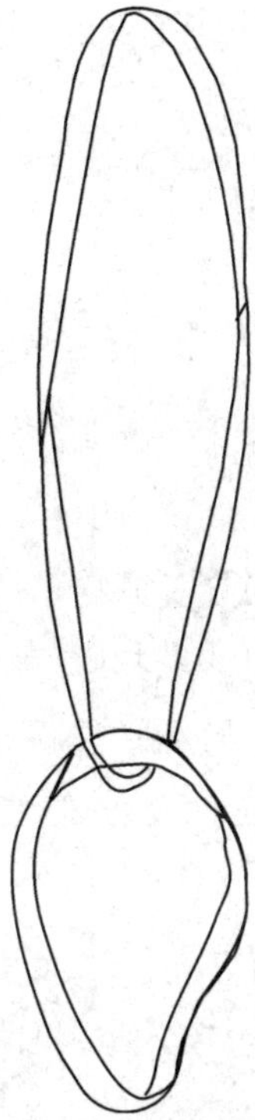

(c) 可两条环接的带

图 2-40

2.10 正六边形拼图

普通的拼图玩具靠的是试错法，只要有决心和耐心就一定能最终获得成功. 这没法引起数学爱好者的兴趣. 但是，如果以简单的多边形为基础，用以拼成预定的图形，是组合几何学的内容，需要数学的才能和机智. 在多边形中，最简单的是正方形、等边三角形和正六边形.

现在先讲正六边形的拼图，因为这种拼图最有趣，而且最美. 把两个正六边形连到一起，只有一种方式；把 3 个正六边形连到一起，只有 3 种方式；把 4 个正六边形连到一起称为 4-正六边形，有 7 种方式(在图 2-41 中，分别依其形状给予适当的名字). 随着正六边形个数的增加，连接方式的种数也迅速增长：5-正六边形有 22 种，6-正六边形有 82 种，7-正六边形有 333 种，8-正六边形有 1448 种(因为这些拼成的块可以翻转，我们把两个互为镜像的形式看作是同样的).

然后，以这些拼图为基础而进一步作拼图游戏. 比如，试以七种 4-正六边形的全集(图 2-41)拼如图 2-42 所示的七个对称模式.

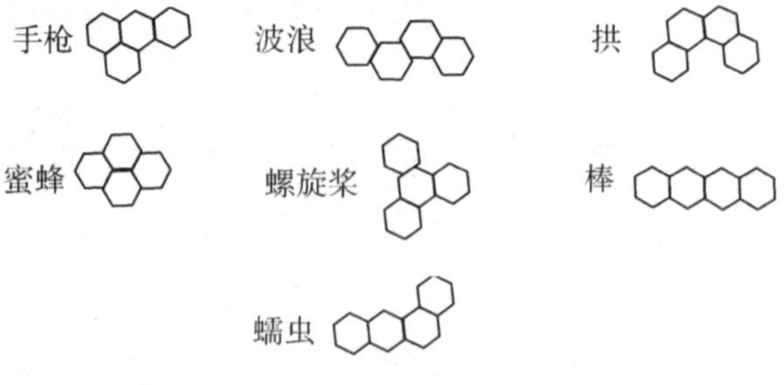

图 2-41

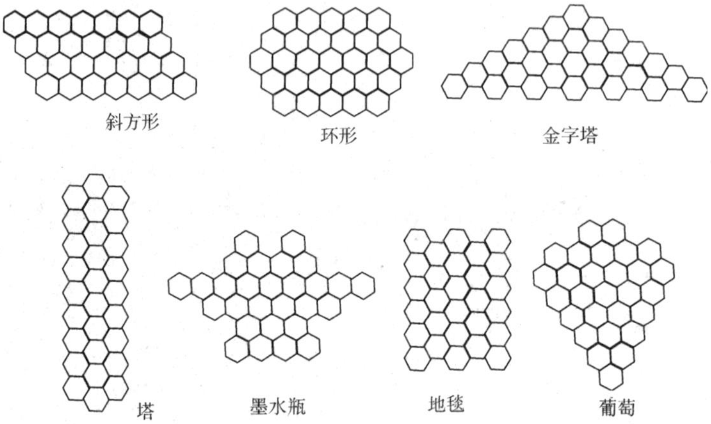

图 2-42　用 4-正六边形拼成的模式

总的来说，拼图游戏的步骤是：(1)先看两个基本图形(正方形、等边三角形或正六边形)能拼成几种图形，3 个基本图形能拼成几种，4 个基本图形能拼成几种，等等. 它们各构成一类图形集合. (2)检验：把某类图形集合的全集或子集填入事先确定的图形是否可能. 如不可能，要求给出证明；如可能，就要实际地摆出来.

当然，也可以把基本图形(正方形、等边三角形或正六边形)涂上颜色(可以只区别黑白二色，也可以用三、四种颜色)，再用以构形、填图案.

——无疑，有些有趣的拼图游戏是对组合数学发展的贡献.

2.11　有色三角形

现在观察三边上绘着不同颜色的等边三角形的小智力玩具. 如果只用两种颜色，并且不把经过旋转的三角形看作是不同的，结果是 4 种不同的三角形. 如果用三种颜色，结果是 11 种不同的三角形(图

2-43).

用四种颜色就能绘成 24 种不同的三角形，如图2-44所示. 要指出的是：

(1)不把经过旋转的三角形看作是不同的；

(2)因为不允许把三角形翻转，把两个互为镜像的三角形看作是不同的.

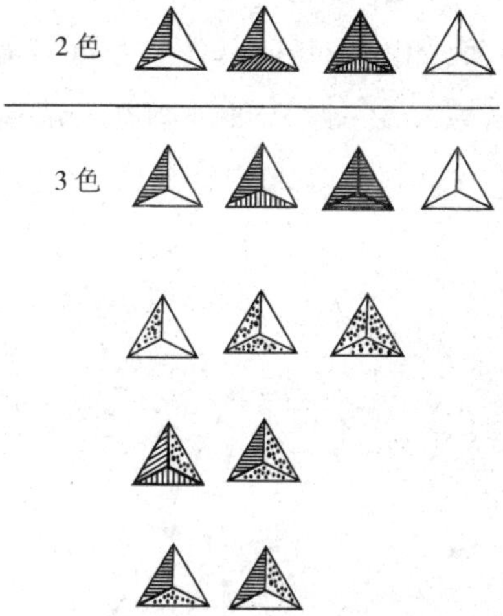

图 2-43　二色及三色的等边三角形

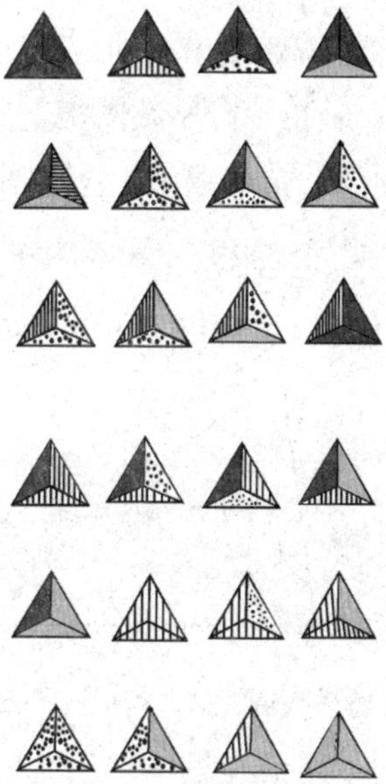
图 2-44　由四色形成的 24 种不同的有色三角形

用这种方法绘成的有色三角形的种数，可由下列公式给出：

$$\frac{n^3+2^n}{3}$$

在这里，n 是所用的颜色数.

当 $n=3$ 时，所得的 11 种有色三角形的集合太小，没法构成有趣的图形；当 $n=5$ 时，所得的 45 种有色三角形的集合又太大，不宜于用来做游戏；看来，用由 4 色绘成的 24 种有色三角形的集合最合适. 如果要求用这 24 种有色三角形(允许重复使用)拼成正六边形，并且附加上“邻边同色”和“外边同一色”的要求，那将是一个十分有趣的游戏.

事实上，新的拼图方案会引出新的数学问题，从而产生新的数学方法.

2.12 三条简单的定理

人们也许认为：微不足道的三角形已经被古希腊的几何学者们研究透了.其实，远不是这么回事.近几个世纪还发现了许多新的美妙而重要的定理.乔治·波利亚曾给几何定理的优美度下定义，说它正比于从中理解到的概念的数目，反比于你认识它所付出的努力.我们说这些定理美妙，就是从这个意义上说的.还应该指出：这类定理常常是通过数学游戏猜出来的，并且又提示出不少数学游戏.

先介绍一个小样本.从△ABC开始，在每一边上(无论是在该三角形外面，如图 2-45(a)；还是里面，如图 2-45(b)，作一等边三角形，找出这三个等边三角形的中心，联结之，得第四个等边三角形.当△ABC的B点落在AC边上时[图 2-45(c)]，情况也是如此.

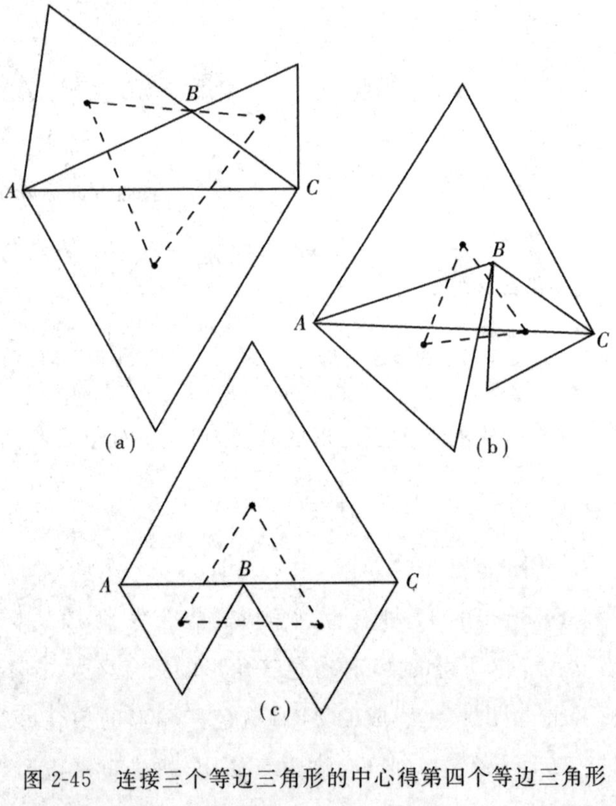

图 2-45 连接三个等边三角形的中心得第四个等边三角形

这个定理可以推广到任意三角形：

定理 已知任意△ABC及以其三边为底向外作的等边三角形.求证连接这三个等边三角形的中心得的三角形是等边三角形.

证明 设△ABF的外接圆$\odot O_1$与△ACE的外接圆$\odot O_3$相交于

A、P 两点(图 2-46).连接 PA、PB、PC.因为$\angle BPA=\angle CPA=120°$,所以,$\angle BPC=120°$,又$\angle D=60°$,得$\angle BPC+\angle D=180°$,所以 B、P、C、D 四点共圆,即知 P 在$\triangle BCD$ 的外接圆上.所以,P 点是三个等边三角形外接圆的公共点.

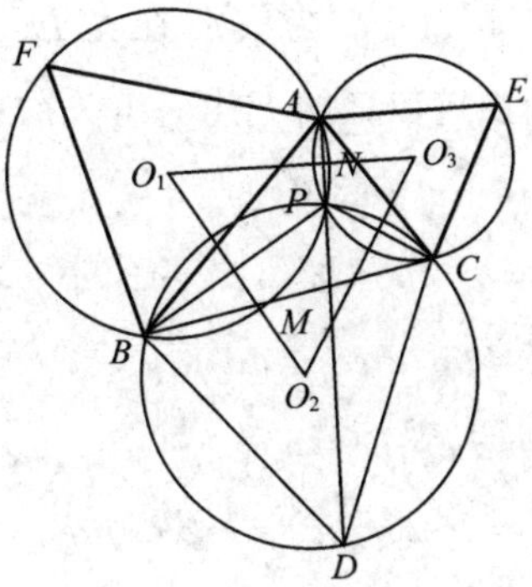

图 2-46

设 O_1O_2、O_1O_3 与$\odot O_1$ 相交于 M、N,显然,M、N 分别是$\overset{\frown}{BMP}$、$\overset{\frown}{ANP}$的中点,由此推出MPN上的圆心角$\angle O_1=60°$,同理$\angle O_2=\angle O_3=60°$,所以,$\triangle O_1O_2O_3$ 是等边三角形.

17 世纪意大利数学家塞瓦(G. Ceva,约 1643—1736)还发现了一条有趣的定理,将任意三角形的三条边三等分(图2-47),则得到的七部分都是原三角形的$\frac{1}{21}$的倍数,其中心的部分是原三角形的$\frac{3}{21}$,或$\frac{1}{7}$.此定理还有一个很好的推广:如果将任意三角形的每一边 n 等分,从每一顶点向对边的第一个分点(依顺时针或反时针方向)连线,所得的中心三角形的面积为原三角形的$\frac{(n-2)^2}{n^2-n+1}$.

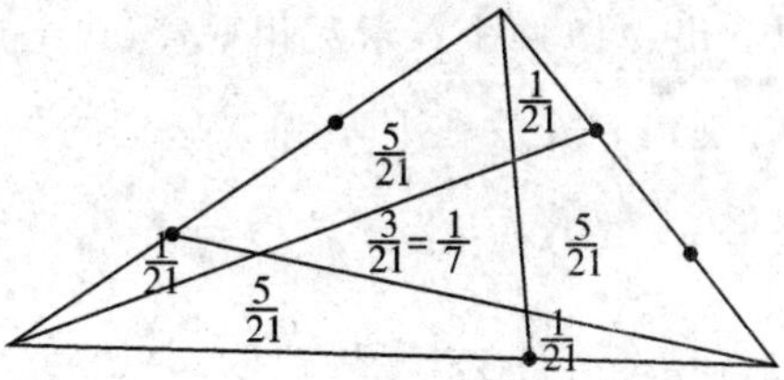

图 2-47

上述的两条定理都是任意三角形的,其实任意四边形也有一个简单而美妙的定理.现在就来证明这条定理.

定理 已知任意凸四边形 $ABCD$,M、N、P、Q 为其各边上所作正方形的中心.求证:$MP\perp NQ$,$MP=NQ$.[图 2-48(a)]

证明 设 $\boldsymbol{a},\boldsymbol{b},\boldsymbol{c},\boldsymbol{d}$ 分别代表安放在四边形 $ABCD$ 四边 AB、BC、CD、DA 上的矢量,$\boldsymbol{a}'$、$\boldsymbol{b}'$、$\boldsymbol{c}'$、$\boldsymbol{d}'$ 为安放在正方形侧边上的矢量[图 2-48(b)],则由矢量知识可以证明下述一组关系式:

$$\begin{cases}\boldsymbol{a}+\boldsymbol{b}+\boldsymbol{c}+\boldsymbol{d}=\boldsymbol{0}\\ \boldsymbol{a}^2=\boldsymbol{a}'^2,\boldsymbol{b}^2=\boldsymbol{b}'^2,\boldsymbol{c}^2=\boldsymbol{c}'^2,\boldsymbol{d}^2=\boldsymbol{d}'^2\\ \boldsymbol{a}\boldsymbol{a}'=\boldsymbol{b}\boldsymbol{b}'=\boldsymbol{c}\boldsymbol{c}'=\boldsymbol{d}\boldsymbol{d}'=0\\ \boldsymbol{a}\boldsymbol{b}=\boldsymbol{a}'\boldsymbol{b}',\boldsymbol{b}\boldsymbol{c}=\boldsymbol{b}'\boldsymbol{c}',\cdots\\ \boldsymbol{a}\boldsymbol{b}'=-\boldsymbol{a}'\boldsymbol{b},\boldsymbol{b}\boldsymbol{c}'=-\boldsymbol{b}'\boldsymbol{c},\cdots\end{cases}\tag{1}$$

其中 $\boldsymbol{ab}$ 代表 $\boldsymbol{a}$ 和 $\boldsymbol{b}$ 两个矢量的数量积,即

$$\boldsymbol{ab}=|\boldsymbol{a}|\cdot|\boldsymbol{b}|\cdot\cos\alpha\tag{2}$$

在这里,α 是矢量 $\boldsymbol{a}$ 与 $\boldsymbol{b}$ 的夹角,$|\boldsymbol{a}|$,$|\boldsymbol{b}|$ 为矢量 $\boldsymbol{a}$,$\boldsymbol{b}$ 的模,且 $\boldsymbol{a}^2=\boldsymbol{aa}=|\boldsymbol{a}|^2$,$\boldsymbol{b}^2=\boldsymbol{bb}=|\boldsymbol{b}|^2$.余类推.

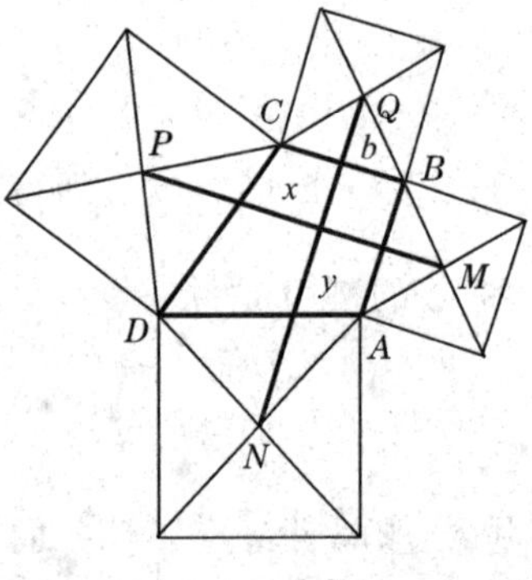

(a)

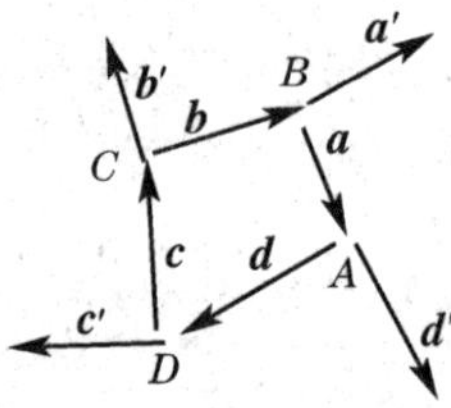

(b)

图 2-48

由(2)式可以看出:$\boldsymbol{a}$、$\boldsymbol{b}$ 两个矢量互相垂直,其充分必要条件是 $\boldsymbol{ab}=0$.用矢量 $\boldsymbol{x}$,$\boldsymbol{y}$ 分别代表安放在 PM 和 NQ 上的矢量(图 2-49),借助于矢量三角形,得

$$\boldsymbol{x}=\frac{\boldsymbol{c}-\boldsymbol{c}'}{2}+\boldsymbol{b}+\frac{\boldsymbol{a}+\boldsymbol{a}'}{2}$$

$$\boldsymbol{y}=\frac{\boldsymbol{d}-\boldsymbol{d}'}{2}+\boldsymbol{c}+\frac{\boldsymbol{b}+\boldsymbol{b}'}{2}$$

利用关系式(1),化简这两个矢量,得

$$\begin{aligned} \boldsymbol{x} &= \frac{\boldsymbol{a}+2\boldsymbol{b}+\boldsymbol{c}+\boldsymbol{a}'-\boldsymbol{c}'}{2} \\ &= \frac{(\boldsymbol{a}+\boldsymbol{b}+\boldsymbol{c}+\boldsymbol{d})+(\boldsymbol{b}-\boldsymbol{d}+\boldsymbol{a}'-\boldsymbol{c}')}{2} \\ &= \frac{1}{2}(\boldsymbol{a}'+\boldsymbol{b}-\boldsymbol{c}'-\boldsymbol{d}) \end{aligned}$$

$$\begin{aligned} \boldsymbol{y} &= \frac{\boldsymbol{b}+2\boldsymbol{c}+\boldsymbol{d}+\boldsymbol{b}'-\boldsymbol{d}'}{2} \\ &= \frac{(\boldsymbol{a}+\boldsymbol{b}+\boldsymbol{c}+\boldsymbol{d})-(\boldsymbol{a}-\boldsymbol{c}-\boldsymbol{b}'+\boldsymbol{d}')}{2} \\ &= -\frac{1}{2}(\boldsymbol{a}-\boldsymbol{b}'-\boldsymbol{c}+\boldsymbol{d}') \end{aligned}$$

此时它们的数量积

$$\begin{aligned} \boldsymbol{x}\boldsymbol{y} &= -\frac{1}{4}(\boldsymbol{a}'+\boldsymbol{b}-\boldsymbol{c}'-\boldsymbol{d})(\boldsymbol{a}-\boldsymbol{b}'-\boldsymbol{c}+\boldsymbol{d}') \\ &= -\frac{1}{4}[(\boldsymbol{a}'+\boldsymbol{b})(\boldsymbol{a}-\boldsymbol{b}')+(\boldsymbol{c}'+\boldsymbol{d})(\boldsymbol{c}-\boldsymbol{d}')- \\ &\quad (\boldsymbol{a}'+\boldsymbol{b})(\boldsymbol{c}-\boldsymbol{d}')-(\boldsymbol{c}'+\boldsymbol{d})(\boldsymbol{a}-\boldsymbol{b}')] \end{aligned}$$

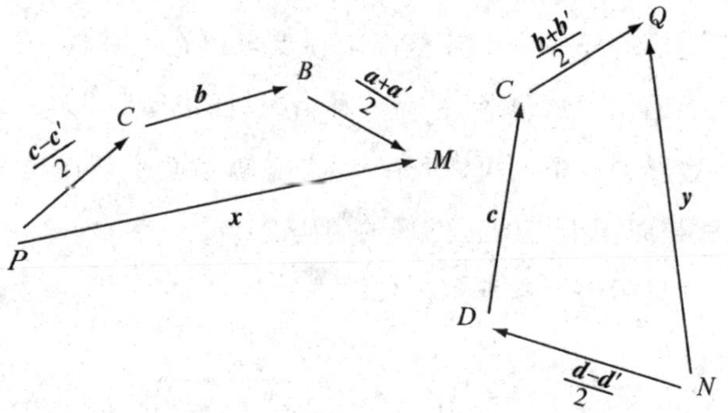

图 2-49

展开右端方括号内各乘积：

$$(\boldsymbol{a}'+\boldsymbol{b})(\boldsymbol{a}-\boldsymbol{b}')=\boldsymbol{a}\boldsymbol{a}'-\boldsymbol{b}\boldsymbol{b}'+\boldsymbol{a}\boldsymbol{b}-\boldsymbol{a}'\boldsymbol{b}' \tag{3}$$

$$(\boldsymbol{c}'+\boldsymbol{d})(\boldsymbol{c}-\boldsymbol{d}')=\boldsymbol{c}\boldsymbol{c}'-\boldsymbol{d}\boldsymbol{d}'+\boldsymbol{c}\boldsymbol{d}-\boldsymbol{c}'\boldsymbol{d}' \tag{4}$$

$$(\boldsymbol{a}'+\boldsymbol{b})(\boldsymbol{c}-\boldsymbol{d}')=\boldsymbol{a}'\boldsymbol{c}+\boldsymbol{b}\boldsymbol{c}-\boldsymbol{a}'\boldsymbol{d}'-\boldsymbol{b}\boldsymbol{d}' \tag{5}$$

$$(\boldsymbol{c}'+\boldsymbol{d})(\boldsymbol{a}-\boldsymbol{b}')=\boldsymbol{a}\boldsymbol{c}'-\boldsymbol{b}'\boldsymbol{c}'+\boldsymbol{a}\boldsymbol{d}-\boldsymbol{b}'\boldsymbol{d} \tag{6}$$

借助于关系式(1)，得知(3)、(4)二式都等于 0，且(5)、(6)二式互为相反数，由此推得

$$\boldsymbol{x}\boldsymbol{y}=0$$

这说明了矢量 $\boldsymbol{x}$ 和 $\boldsymbol{y}$ 垂直，从而线段 PM 和 NQ 互相垂直.

其次

$$|\boldsymbol{x}|^2=\boldsymbol{x}^2=\frac{1}{4}(\boldsymbol{a}'+\boldsymbol{b}-\boldsymbol{c}'-\boldsymbol{d})^2$$

$$=\frac{1}{4}(\boldsymbol{a}'^2+\boldsymbol{b}^2+\boldsymbol{c}'^2+\boldsymbol{d}^2+2\boldsymbol{a}'\boldsymbol{b}-2\boldsymbol{a}'\boldsymbol{c}'-2\boldsymbol{a}'\boldsymbol{d}-2\boldsymbol{b}\boldsymbol{c}'-2\boldsymbol{b}\boldsymbol{d}+2\boldsymbol{c}'\boldsymbol{d})$$

$$|\boldsymbol{y}|^2=\boldsymbol{y}^2=\frac{1}{4}(\boldsymbol{a}-\boldsymbol{b}'-\boldsymbol{c}+\boldsymbol{d}')^2$$

$$=\frac{1}{4}(\boldsymbol{a}^2+\boldsymbol{b}'^2+\boldsymbol{c}^2+\boldsymbol{d}'^2-2\boldsymbol{a}\boldsymbol{b}'-2\boldsymbol{a}\boldsymbol{c}+2\boldsymbol{a}\boldsymbol{d}'+2\boldsymbol{b}'\boldsymbol{c}-2\boldsymbol{b}'\boldsymbol{d}'-2\boldsymbol{c}\boldsymbol{d}')$$

同样由关系式(1)可得$|\boldsymbol{x}|^2=|\boldsymbol{y}|^2$，从而线段 PM 和 NQ 的长度相等.

这条定理是冯·奥贝尔(von Aubel)发现的. 凯利(P. J. Kelly)给出了很好的推广. 凯利指出：

(1)四边形不需要是凸的(也就是说，对于凹四边形也成立). 连接对边上正方形的中心的线可以不相交，但它们仍然相等并互相垂直.

(2)四边形的任何三个甚至四个顶点可以在一条线上. 在前一种情况，四边形退化为三角形；在后一种情况，四边形退化为一条线段.

(3)四边形的一条边可以长度为零. 这就使两个顶点聚到一点上，这个点也就是面积为零的正方形的中心.

图 2-50 显示冯·奥贝尔定理的推广.

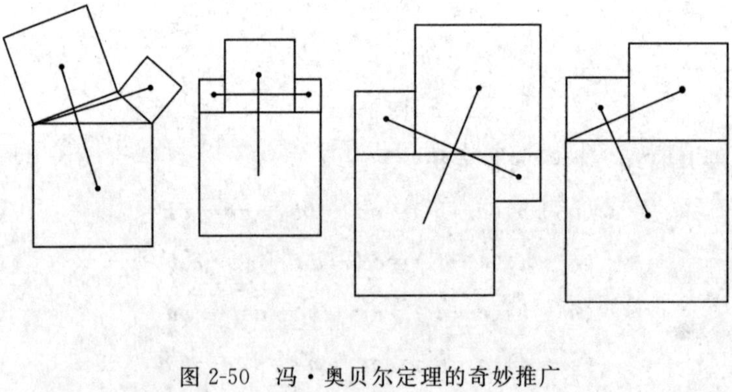

图 2-50　冯·奥贝尔定理的奇妙推广

最基本的往往是最简单的. 最简单的往往是最美妙的. 就在这凝神沉思之际，锋利而且有效的方法油然而生.

2.13 博弈论

这门学科形成了现代数学研究中崭新的篇章.它主要是冯·诺伊曼(1903—1957)创立的,他明确地表述了 n 个游戏者($n\geqslant 2$)之间的一般博弈方案;证明了这门学科的基本定理——“极小极大”定理.这门学科在经济学等领域中得到了应用,还产生了大量纯数学问题.

冯·诺伊曼之所以能在这样一门新兴学科的创立中作出杰出贡献,是有其本身素质上的原因的.斯·乌拉姆说得好:“他好像一身兼有多种才能.这指的是:对数学思想的集合论基础的感知;对分析和几何的经典数学本质的理解与认识;发掘现代数学方法潜在威力的异常深刻的洞察力.这些才能能汇集于一人之身,是难得的.”

新学科的创立关键在于新概念的提出,而新概念总是受对新问题作出明确表述的激发而产生的.现在试着以几种简单的数学游戏模拟博弈论创立时由问题到新概念的产生过程.

冯·诺伊曼的博弈论(或称策略论)中的几个基本概念如二人零和博弈、最优策略、博弈的值,都可用这种数学游戏说明.

考虑这样几种博弈:明显博弈、奇偶博弈和纸牌博弈.

明显博弈[图 2-51(a)]:甲可以出 1 指或 2 指,乙也可以出 1 指或 2 指.依指头总数,乙付给甲若干元.显然,甲希望赢得多,每次出 2 指;乙希望输的少,每次出 1 指.于是,乙每次要付给甲 3 元.这个“3”,实际上是左边一列 2 与 3 中之最大者,同时又是下面一行 3 与 4 中之最小者.在此博弈中,最大最小值和最小最大值是一个值,可以说此博弈有“鞍点”.在这种情况下,博弈的值被严格确定:“3”就是此博弈的值.

奇偶博弈[图 2-51(b)]:甲可以出 1 指或 2 指,乙也可以出 1 指或 2 指.依指头数一样或不一样来决定胜负:指头数一样,甲赢 1 元;指头数不一样,乙赢 1 元.甲的最大最小值是 -1(即赢 1 元),乙的最小最大值为 1(即甲赢 1 元),二者不一致,故无鞍点.双方的最优策略都是随机地依 1∶1 的比例采取两种出法.此博弈没有严格确定的值.但是在双方均采用最优策略时,可以计算出来:此博弈的值为零;故称此博弈为二人零和博弈.需注意的是:要真正做到“随机”才行,一旦你的“随机”存在一定的规律,并被对方摸到,你就必定会输.纸牌博弈[图

2-51(c)]:甲手执一双面纸牌:一面是黑桃 1,另一面是红桃 8;乙也手执一双面纸牌:一面是黑梅花 7,另一面是红方块 2.依颜色相同与否

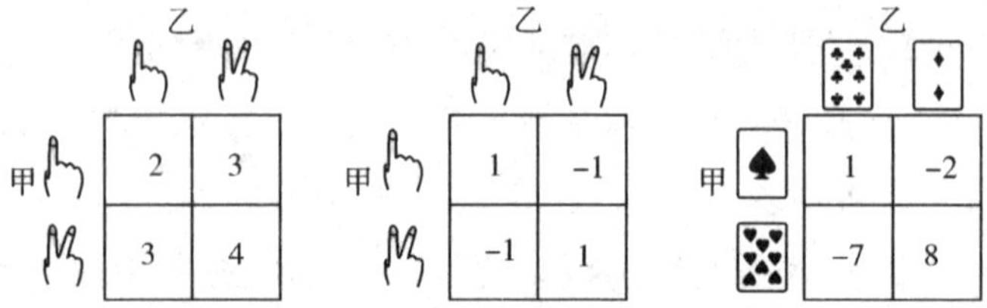

(a)明显博弈　　(b)奇偶博弈　　(c)纸牌博弈

图 2-51

定胜负,同色甲胜,异色乙胜.胜者依其所显示的数字赢若干元.乍看起来,双方机会是均等的:甲赢得的总数 1+8=9,乙赢得的总数 2+7 也是 9.其实不然.在此博弈中,甲的最优策略为[1-(-2)=3,-7-8=-15],15∶3=5∶1,以此比例随机地采取黑桃 1 和红桃 8 两种出法,乙的最优策略为[1-(-7)=8,(-2)-8=-10],10∶8=5∶4,以此比例随机地采取黑梅花 7 和红方块 2 两种出法.在甲、乙双方均采取最优策略时,此博弈的值可依下式计算:

$$\frac{ad-bc}{a+d-b-c}$$

在这里,a、b、c、d 指的是处于如图 2-52 所示位置上的数:

a	b
c	d

图 2-52

于是,这样一种纸牌博弈的值为

$$\frac{1\times8-(-2)\times(-7)}{1+8-(-2)-(-7)}=\frac{8-14}{18}=\frac{-6}{18}=-\frac{1}{3}$$

即:如果甲乙双方均采取最优策略,则甲平均每次输给乙$\frac{1}{3}$元.

——为了取得真知,最好亲自进行一下"数学试验".

通过这么几个简单的数学游戏,对博弈论的基本概念的生成过程,作了具体而细微的模拟.关于其中方法的奥秘,读者可细细品味之.

2.14 布尔代数

亚里士多德(公元前 384—前 322)不愧为形式逻辑的奠基人,他几乎将其全部精力倾注于三段论的研究.今天,三段论在逻辑上的地位已经没那么重要了.真难以相信:两千年来,它竟是逻辑研究的主要课题;直到 1797 年,康德还说:逻辑是"一种封闭而且完整的学说."

在逻辑学的发展过程中,1847 年是重大的转折点.布尔的名著《逻辑的数学分析》就是在那年发表的."以符号代替形式逻辑中所有的词"这个基本思想前人已有,但是,布尔是使之成为合理系统的第一人.

就像在所有抽象代数中那样,对布尔符号能给予许多不同的解释.布尔一方面按照亚里士多德的方式将其系统解释为类代数,另一方面又将古典逻辑大为扩展,超出了三段论的狭小范围.布尔当时使用的符号已被丢弃,现代布尔代数是用集合论的符号表述的.集合(被布尔称作类)是单个"元素"的汇集.集合中元素的个数可以是有限的:例如,数 1,2,3,正六面体的隅角,太阳系的行星,或任何别的特定的一组东西.集合中的元素个数也可以是无限的,例如偶数的集合.如果我们指定一个集合(有限的或无限的),并且继而考虑其所有子集合(它们包括该集合本身以及没有成员的空集),把它们看作是有包含关系的(例如,集合$\{1,2,3\}$被包含于集合$\{1,2,3,4,5\}$中),我们能构造一个布尔集代数.

布尔集代数的现代符号,用字母表示集合、子集合,或元素."全集"以 I 表示,"空集"以 $\varnothing$ 表示.集合 A 和 B 的并以 $A\cup B$ 表示(例如,1,2 和 3,4,5 的并是 1,2,3,4,5);集合 A 和 B 的交以 $A\cap B$ 表示(例如,1,2,3 和 3,4,5 的交是 3).如果 A 和 B 两个集合相等,以 $A=B$ 表示(例如,奇数的集合和所有除以 2 余 1 的集合相同).集合 A 的补集,以 $\overline{A}$ 表示.假定 A 和 B 都是集,B 的每一个元素都是 A 的元素,那么称 B 为 A 的子集,记作 $B\subseteq A$.如果 a 是集 A 的元素,就说 a 属于 A,记作 $a\in A$.

回顾历史,布尔当时使用的符号和今天的不一样.他用 1 表示全集,0 表示空集,+表示集合的并(在这里,他在"排它的"意义上使用它,指的是:没有共同元素的两个集合的并),=表示相等,减号-表示从一个集合中去掉另一个. 布尔以 $1-x$ 表示 x 的补集. 没有使用集合包含的符号,但能以其他方式表示它,例如,$A\times B=A$ 指的是:A 和 B 的交集与 A 的全部等同.

布尔代数的最重要的新解释是布尔本人提出的. 他指出:如果他的 1 被取作真,0 被取作假,则运算能应用于非真即假的陈述. 布尔本人未实现此规划,但是他的后继者实现了.

对布尔代数还可作许多其他解释. 它可作为“环”这种抽象结构的一个特殊情况,或作为另一种类型的抽象结构——“格”——的一个特殊情况. 它在组合论、信息论、图论、矩阵论以及一般演绎系统的元数学理论中能得到解释. 当然,最有效的应用还是在开关理论上. 开关理论在电子计算机的设计中有重要作用,然而,其应用并非只限于电网格. 它能应用于带有转变能量的开关,或有开关联结装置的线路上的任何一种能量转换. 能量可以是流动的气体或液体,可以是光线,也可以是为解决布尔代数中的问题而发明的逻辑机械中的机械能. 如图 2-35 所示,对于命题演算中的每一种二元关系,存在一个对应的开关环路.

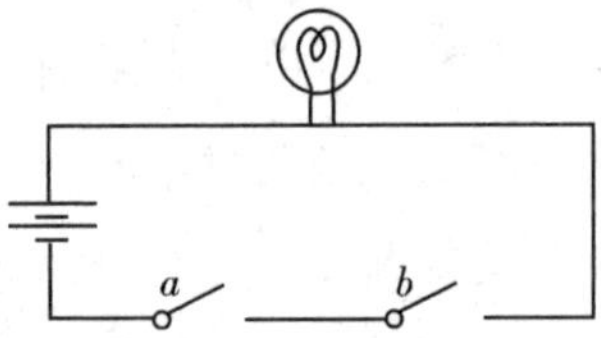

(a)“和”环路:只当 a 和 b 都关时,灯泡亮

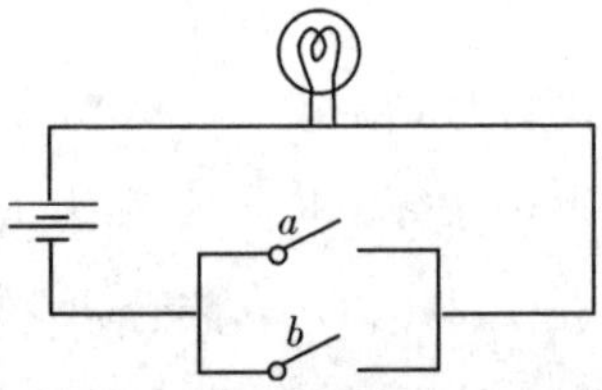

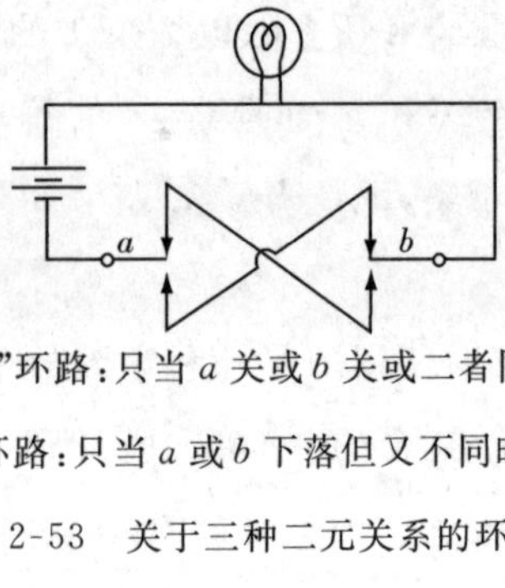

(b)非排外的“或”环路:只当 a 关或 b 关或二者同时关时,灯泡亮

(c)排外的“或”环路:只当 a 或 b 下落但又不同时下落时,灯泡亮

图 2-53　关于三种二元关系的环路

早在1910年，P. S. 埃伦费斯特(Ehrenfest)就提出过用电路解释布尔代数的主张，1936年，日本又独立地取得此项成果. 但是，介绍其在计算机设计方面的解释的第一篇较重要的论文是C. E. 香农(Shannon)1938年发表的《继电器和开关环路的符号分析》. 自香农的论文发表以来，布尔代数与计算机设计的关系日益紧密. 它在节省五金器具、简化环路上特别有价值. 一个环路首先被翻译成符号逻辑里的一个陈述，再用聪明的方法将此陈述"极小化"，然后，再将此简单的陈述翻译回简单环路的设计.

最后，讲讲布尔代数的一个更为有趣的解释. 考虑1，2，3，5，6，10，15，30这八个数的集合. 它们是30的因子(把1和30包括在内). 我们把一对数的"并"解释为它们的最小公倍数，把一对数的"交"解释为它们的最大公因数，把"集合包含"解释为"是其因子"的关系. 全集是30，零集是1. 数A的补是$30/A$，用布尔关系的这样一个解释，我们就有了一个相容的布尔结构. 布尔代数中的所有定理，在此以30的因子为基础的巧妙系统中，有它们的配对物. 例如，在布尔代数中，A的补的补是A；在命题演算中，则有：非的非和不非一样. 让我们应用布尔定律于此奇妙结构中的数3：其补是$30/3=10$，10的补$30/10=3$，它又把我们带回到3.

考虑称作德摩根定律的两条著名的布尔定律. 在集合代数中，它们是：

$$\overline{(A\cup B)}=\overline{A}\cap\overline{B}$$

$$\overline{(A\cap B)}=\overline{A}\cup\overline{B}$$

看来，它很像命题演示中的：

$$\sim(p\vee q)\equiv\sim p\wedge\sim q$$

$$\sim(p\wedge q)\equiv\sim p\vee\sim q$$

如果读者以30的任何两个因数代替p和q，并且对这些符号给予恰当的解释，就会发现：德摩根定律成立. 德摩根定律成立的这个事实，正好为布尔代数的对偶原理提供了例证(注意：又是一个对偶原理). 此对偶原理可表述如下：如果在任一陈述中，把"并"换为"交"，"交"换为"并"(在它们出现的每一处)，并且把"全集"换为"零集"，"零集"换为"全集"，再把集合的包含关系翻过来，结果是另一条有效的定律.

数 1,2,3,5,6,7,10,14,15,21,30,35,42,70,105,210——210 的 16 个因数——以同样方式解释也形成一个布尔代数结构. 当然,在这里 210 是全集,A 的补是 $210/A$.

——关于布尔代数的问题,在这里,只开了个头,从中能引出的美妙的数学方法还多着呢!

2.15 合理下料问题和运输问题

苏联 П. В. 康特洛维奇教授在《生产组织与计划中的数学方法》一书中,通过零件加工任务分配问题和合理下料问题的解决,提出了著名的解乘数法. 该书发表于 1939 年.

美国的 A·查恩斯、W. W. 库伯和 A·汉特逊在《线性规划概论》一书中通过运输问题的解决提出了单纯形方法. 该书思想形成于 20 世纪 40 年代初,该书发表于 1953 年.

在第二次世界大战期间,现代化的战争提出了一些新问题,由于这些问题不属于任何一门已知的学科,于是先后在英、美两国,邀集了许多行业的专家来商讨解决. 他们根据在本行中所熟悉和掌握的思路或方法,提出了解决这些新问题的许多建议. 这样便逐渐积累了一些方法和经验,并且提出了"运筹学"(Operations Research)这个名称. 在 1951 年,美国的毛尔思和金贝尔二人,总结了第二次世界大战期间的部分经验和方法,合写了《运筹学方法》一书.

——在运筹学的创立与发展的过程中,问题与方法的关系十分密切.

运筹学是一门新兴学科,内容丰富,有许多分支. 规划论是其中的一个重要分支,运输问题就是这个分支中的典型问题. 为此,在这里对它作一介绍.

问题是这样提出来的:假设某产品有 m 个生产地,其产量分别为 $a_1,a_2,\cdots,a_m$ 个单位;这种产品有 n 个消费地,其需要量分别为 $b_1,b_2,\cdots,b_n$ 个单位. 要求产销平衡,也就是总的生产量等于总的需要量,即

$$\sum_{i=1}^{m} a_i = \sum_{j=1}^{n} b_j$$

并且 $a_i \geqslant 0(i=1,2,\cdots,m)$,$b_j \geqslant 0(j=1,2,\cdots,n)$,以 x_{ij} 表示从第 i 个

生产地到第 j 个消费地的这种产品的运输量，则 x_{ij} 与 a_i，b_j 之间的关系可用如下表格形式表示出来：

产销平衡表

生产地 \ 消费地	1	2	…	n	产量
1	x_{11}	x_{12}	…	x_{1n}	a_1
2	x_{21}	x_{22}	…	x_{2n}	a_2
⋮	⋮	⋮		⋮	⋮
m	x_{m1}	x_{m2}	…	x_{mn}	a_m
需要量	b_1	b_2	…	b_n	$\sum\limits_{i=1}^{m} a_i = \sum\limits_{j=1}^{n} b_j$

以 c_{ij} 表示从第 i 个生产地到第 j 个消费地的单位产品的运输费用（或运输距离），则得如下运价表：

运价表

生产地 \ 消费地	1	2	…	n
1	c_{11}	c_{12}	…	c_{1n}
2	c_{21}	c_{22}	…	c_{2n}
⋮	⋮	⋮		⋮
m	c_{m1}	c_{m2}	…	c_{mn}

问怎样安排运输计划，能使总运费最低？

运输问题的数学模式可表述如下：

要求确定所有变量 x_{ij} 的数值，使得总的运输费用（或运输距离）$\sum\limits_{i=1}^{m}\sum\limits_{j=1}^{n} c_{ij}x_{ij}$（目标函数）达到最小，并满足以下三组条件（约束条件）：

（1）各个生产地的这种产品的运出量等于其产量

$$\sum_{j=1}^{n} x_{ij} = a_i (i = 1,2,\cdots,m)$$

（2）各个消费地的这种产品的到达量等于其需要量

$$\sum_{i=1}^{m} x_{ij} = b_j (j = 1,2,\cdots,n)$$

（3）从各个生产地到各消费地的运输量要求大于或等于零

$$x_{ij} \geqslant 0 (i=1,2,\cdots m;j=1,2,\cdots,n)$$

注意："目标函数"和"约束条件"的概念，就是从这个特定问题中提出来的.

什么是单纯形方法呢？简单地说，就是把线性规划问题的解集看作一个凸集(凸集是这样的一种点集,如果 x 和 y 是其中的任意两点,则此两点间的线段也在此集之中),然后,通过点的线性变换(即通过矩阵运算),找出凸集的最优顶点(或无限个最优点).为了给读者一个明确的形象,下面讲一个简单的例子,并通过图解法展示之.

【例 1】 某工厂在计划期内要安排生产Ⅰ、Ⅱ两种产品.这些产品分别需要在 A、B、C、D 四种不同的设备上加工.按工艺规定,产品Ⅰ和产品Ⅱ在各设备上所需要的加工台时数示于下表中.已知各设备在计划期内有效台时数分别是 12、8、16 和 12(一台设备工作 1 小时,称为 1 台时).该工厂每生产一件产品Ⅰ可得利润 2 元,每生产一件产品Ⅱ可得利润 3 元.问应如何安排生产计划,才能使得到的利润最多?

设备 产品	A	B	C	D
Ⅰ	2	1	4	0
Ⅱ	2	2	0	4

这个问题可以用以下数学语言描述:

假设 x_1, x_2 分别表示在计划期内产品Ⅰ和产品Ⅱ的产量.因为设备 A 的有效台时是 12,所以在确定产品Ⅰ和产品Ⅱ的产量时,要考虑不能超出设备 A 的有效台时数,即可用不等式表示为

$$2x_1+2x_2\leqslant 12$$

类似地,对设备 B、C、D 得到以下不等式:

$$x_1+2x_2\leqslant 8$$

$$4x_1\leqslant 16$$

$$4x_2\leqslant 12$$

该工厂的目标是:在不超过所有设备能力的条件下,如何确定产量 x_1、x_2,以便得到最大利润,若用 Z 表示利润,这时 $Z=2x_1+3x_2$.

综上所述,这个计划问题可归纳为

满足条件:

$$\begin{cases}2x_1+2x_2\leqslant 12\\ x_1+2x_2\leqslant 8\\ 4x_1\leqslant 16\\ 4x_2\leqslant 12\\ x_1, x_2\geqslant 0\end{cases}$$

使得工厂的目标(利润)$Z=2x_1+3x_2$ 为最大.

然后,以图解展示之.在以 x_1、x_2 为坐标轴的直角坐标系中,非负条件 $x_1\geqslant 0$,就代表包括 x_2 轴和它右侧的半平面;非负条件 $x_2\geqslant 0$,代表包括 x_1 轴和它以上的半平面.这两个条件同时存在时,是指第一象限.同样道理,此题的每一个约束条件都代表一个半平面.比如,第二个约束条件就代表以直线 $x_1+2x_2=8$ 为边界的左下方的半平面.若有一点同时满足 $x_1\geqslant 0$,$x_2\geqslant 0$ 及 $x_1+2x_2\leqslant 8$ 的条件,必然落在这三个半平面的"交"的区域内.此题所有约束条件的"交"是区域 $OQ_1Q_2Q_3Q_4$,如图 2-54 阴影部分所示.

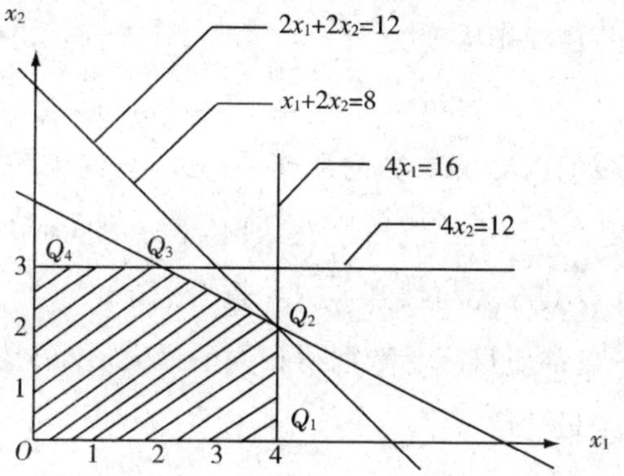

图 2-54

区域 $OQ_1Q_2Q_3Q_4$ 中的每一个点(包括边界点)都是这个线性规划问题的一个解(又称可行解),因而区域 $OQ_1O_2Q_3Q_4$ 是例 1的线性规划问题的解集合(我们称它为可行域).

现在,分析目标函数 $Z=2x_1+3x_2$.在坐标平面上,它可表示为以 Z 为参数的一族平行线:

$$x_2=-\frac{2}{3}x_1+\frac{Z}{3}$$

位于同一直线上的点,具有相同的目标函数值,因而称它为等值线.令此族等值线沿其法线方向移动(Z 值逐步增大);当移动到点 Q_2 时,Z 的值最大,这就得到了此题的最优解(图 2-55).Q_2 点的坐标为(4,2),于是,可计算出 $Z=14$.

这说明该工厂的最优生产方案是:在计划期内生产产品Ⅰ4 件,产品Ⅱ2 件,就可以得到最大利润 14 元.

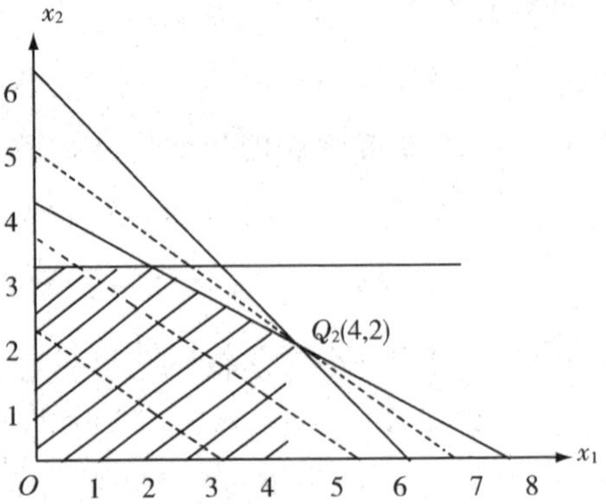

图 2-55

若将例 1 的目标函数变为

$$\max Z=2x_1+4x_2$$

则表示目标函数的以 Z 为参数的那族平行线,与约束条件 $x_1+2x_2\leqslant 8$ 的边界直线相平行. 当 Z 值由小变大时,表示目标函数取值的这族等值线平移到 Q_2Q_3,就与线段 Q_2Q_3 重合(图 2-56). 这表明:线段 Q_2Q_3 上任意一点都使目标函数取得相同的最大值. 于是,该线性规划问题有无限多个最优解.

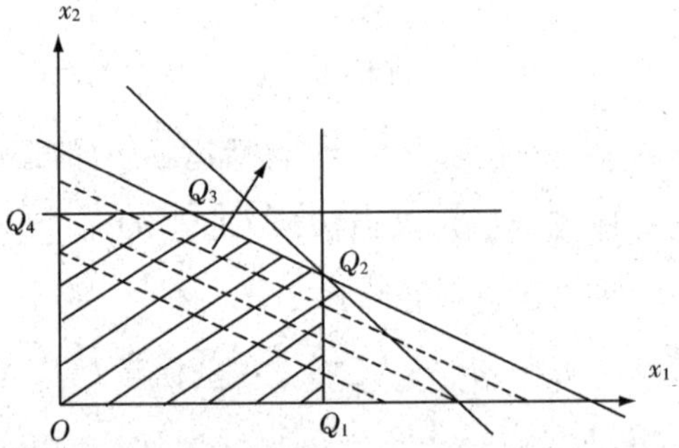

图 2-56

——就这样,我们把运筹学中的一个基本方法:线性规划的单纯形方法,具体地、形象化地表述出来了. “运筹帷幄之中,决胜千里之外”之奥妙正在于此.

2.16 输入输出经济系统

现在要介绍的例子,是在经济学上常遇到的一个数学问题. 人们称之为“列昂切夫输入-输出经济系统模型”,它是由经济学家列昂切夫提出来的.为了叙述方便,让我们只看一个极其简单的情况,数字资料全是虚构的,目的在于说明这个模型是怎么一回事.

我们考虑一个只由三种行业的人组成的社会:裁衣工人解决了衣的问题,农民解决了食的问题,建筑工人解决了住的问题,于是,满足了社会上对衣、食、住的需要. 我们又假设每种人对于各种生产品(即衣服、粮食、房子)的消耗量的比例如下表所示:

	衣服	粮食	房子
裁衣工人	$\frac{8}{16}$	$\frac{4}{16}$	$\frac{2}{6}$
农民	$\frac{3}{16}$	$\frac{7}{16}$	$\frac{3}{6}$
建筑工人	$\frac{5}{16}$	$\frac{5}{16}$	$\frac{1}{6}$

比如,裁衣工人对衣服的消耗量是农民的 $2\frac{2}{3}$ 倍,是建筑工人的 $1\frac{3}{5}$ 倍. 如果裁衣工人的收入是每年 p 元,农民的收入是每年 q 元,建筑工人的收入是每年 r 元,那么,当生产和消费处于平衡状态时,下列的三个关系式应该成立

$$\frac{8}{16}p+\frac{4}{16}q+\frac{2}{6}r=p$$

$$\frac{3}{16}p+\frac{7}{16}q+\frac{3}{6}r-q$$

$$\frac{5}{16}p+\frac{5}{16}q+\frac{1}{6}r=r$$

从这三个关系式不难解得

$$p:q:r=4:4:3$$

如果根据调查统计得来的数据算出来的 p、q、r 与这个比例不符,那么这个经济系统就处于不平衡状态了. 学过矩阵的读者,当然知道这三个关系式可以写作一个矩阵方程,即

$$\boldsymbol{AP}=\boldsymbol{P}$$

其中 $\boldsymbol{P}$ 是分量为 p、q、r 的列向量,而 $\boldsymbol{A}$ 就是上表列出来的矩阵. 换句话说,$\boldsymbol{P}$ 是 $\boldsymbol{A}$ 的一个“特征向量”,而对应的“特征值”就是 1. 至于为什么一定存在这样的 $\boldsymbol{P}$,这是由 $\boldsymbol{A}$ 这个矩阵的性质决定的;$\boldsymbol{A}$ 的每列数字的总和都是 1,这是其很好的性质. 根据矩阵理论,凡是具有这种性质的矩阵都有一个特征值是 1. 而且由于矩阵里面所有数字都是正

数，对应于1这个特征值，还必定能找到一个所有分量都是正数的特征向量.

——“特征值”和“特征向量”的概念在这个简化了的现实问题中显得格外清晰、易懂. 这正是活数学的生命力的所在.

2.17 从活数学到纯数学

活数学有趣，是一回事；对活数学感兴趣，则是另一回事. 前者，一般地说，没有把个人的意识包括进去；后者则包含着主客观相符的意思. 有了后者，才使前者成为现实. 爱因斯坦说过：“兴趣是最好的导师”，那里说的兴趣，是指后者而言的.

每当你对思维的对象感兴趣了，你的思维就活跃起来！诺瓦利斯(Novalis)说得好：“数学家实际上是一个着迷者，不迷就没有数学.”在数学史上这样的例子多得很. 对高斯有如下的记载：“在纯数学方面，高斯对数论最感兴趣. 他在19岁时就发现并证明了二次互反律. 这是他最得意的杰作，称为‘黄金律’，一生曾用八种方法去证明它.”——从“感兴趣”到“发现”，到“多种方法”，路子就是这么走出来的.

感兴趣才能入境，入境才能提出问题，才能把非本质的联系剔除掉，敏感地抓住问题的本质. 德恩(Max Dehn)在《数学家的气质》一文中关于笛卡尔发现解析几何说了如下的话：“他的巨大贡献并不在于发现了一种崭新的思想：代数与几何相结合的思想. 说他比他的前人更大胆地把已有的想法具体化也不正确. 真正的情况是：灵感的启示触动了一个具有超群代数天才的人，使他解决了最难的具体问题；而且，更重要的是，灵感的启示触动了一个想象力无与伦比的思想家，他以令人惊叹的敏锐性、明确性和简洁性，以几乎是雄辩家的才华，提出并应用了那种在一刹那的想象中被凝聚起来的思想. 从根本上说，他的贡献的历史意义在于他能作出明确而系统的阐述.”是的，是灵感的启示触动了这样一颗大脑，使他能抓住问题、抓住问题的本质. 德恩还说：“最华丽的桂冠当然应该授予这样的人，他首先把一种思想从朦胧混沌之中提高到光明确切的境地，把它和盘托出来.”——从朦胧混沌，到光明确切，到和盘托出：刻画得多么贴切！

然后，就要用数学语言来表述它. 布鲁厄姆(H. L. Brougham)说得好："数学语言不但是最简单和最容易理解的语言，而且也是最精炼的语言." 而用数学语言来表述一种新的数学思想的关键在于：提出一些"概念"，并揭示概念间的"数学关系". 注意：这些概念，常常不是事先就有的，而是与新学科同时产生的；甚至，正是为了"表述的需要"而产生的.

2.18 数学向其他学科渗透的具体机制

由于不同学科有机地结合，产生了许多新的学科，已经有不少字眼曾被用来刻画它们之间的这种关系. 在边缘、交叉、移植和渗透这些字眼中，我认为"渗透"这个词比较恰当，因为它能说明学科之间相互作用的具体机制.

"渗透"两字的本来涵义指的是：水从溶液浓度较低的区域通过膜到溶液浓度较高的区域的过程. ——这为我们揭示了一条哲理：要使渗透成为可能，必须使前者成为能"渗透"的，后者成为能"被渗透"的.

"渗透"和"被渗透"是一个问题的两个方面，归结到一点，就是："渗透者"在"被渗透者"的领域中提出属于"渗透者"一方的问题，提出新型的问题，提出具有新的性质的问题. 在化学中提出了物理学的问题，在生物学中提出了数学问题，在经济学中提出了控制论问题，在生态学中提出了经济学问题，也就为物理化学、生物数学、经济控制论、生态经济学的诞生鸣响了第一炮. 而这种新型问题、具有新的性质的问题的提出是以对它的深刻理解为前提的.

经济控制论的生成与发展是一个很好的例子. 一方面，控制论研究的系统是由依靠因果关系联结在一起的元素的集合. 元素之间的这种关系叫作耦合. 因此，控制论可以说是关于耦合运行系统的功能的科学. 而耦合运行系统的一般性就是控制论能向其他学科"渗透"的原因. 另一方面，对经济学能从元素之间的关系和经济系统的功能考虑问题，从整个社会经济形态和它的局部(如市场控制、货币流通、对外贸易中的商品交换)分析问题，把经济学的某些研究对象当作耦合运行系统来考虑，则是经济学能"被渗透"的原因.

再以生物数学为例. 把某植物的生长期分成若干个"旬"就可以把

每旬的降水量设作 $x_1, x_2, \cdots, x_n$，根据多年的资料，列出产量与降水量的关系，利用线性方程组研究到底哪个“旬”最需要水分，哪个“旬”次需要水分……

数学向其他学科渗透（或者说，科学“数学化”）的趋势，正在与日俱增，数学已经成为一门横断学科．数学为什么具有如此巨大的渗透力呢？其原因就在于：数学不仅是一种知识或技能，而且是一种思维方式，只有作为思维方式的数学才能势如破竹地渗透进其他学科；数学不仅是一种知识或技能，而且是一种语言，只有作为语言的数学才能无往不胜地向文明的所有领域渗透．

习 题

1．自己制作一个七阶的幻方．

2．试证明 17926 和 18416 是一对亲和数．

3．如果 u_n 表示斐波那契数列的第 n 项，已知 $u_n=[(1+\sqrt{5})^n-(1-\sqrt{5})^n]/2^n\sqrt{5}$，求证：$\lim\limits_{n\to\infty}(u_n/u_{n+1})=(\sqrt{5}-1)/2$．

4．做一次麦比乌斯带的“二分”（或“三分”）．

5．设计一个（双面）纸牌博弈，计算出其最优策略及博弈的值．

6．试造一个 2^n 个数的布尔结构．（n 可以自己定，但不能与正文例子重复．）

三　某些更基本的方法

3.1　方法的过程性和层次性

用任何一种方法处理问题，总不是在一反掌间完成的，总是有一个过程或程序的. 我们常常把一套程序称作方法，就是这个道理. 在中国和印度古代的种种数学书籍中，有相当一部分通篇是例题，也就是通过种种例题的处理程序来阐明数学方法. ——这就是方法的过程性(或程序性).

方法是由内容决定的，然而，方法本身也可以作为内容. 因此，方法是有层次的. 例如，当我们用数学方法处理现实问题时，数学本身就是方法. 然而，把数学作为内容，又可以考察研究数学的方法、学习数学的方法. 这样，就进入了另一个层次. 我们还可以站得更高些，看得更深些，把"研究数学的方法"作为内容，进而探讨取得这些方法的方法. 甚至可以一层一层地往深进，永无止境. 然而，我们终究是现实生活中的人，并不是在这里参禅. 因此，必须既承认方法的层次性，又不无限制地为层次而层次. 另一方面，方法又是复杂交叉的，某种方法属于哪一个层次，很难有什么绝对的标准. 它可以在某一问题的处理中隶属此层次，而在另一问题的处理中又隶属彼层次. 总之，对方法的层次性不可持僵化的态度.

第一、二章中讲了历史上有过的方法和从活数学问题中产生的方法，现在来讲某些更基本的方法.

3.2　平衡法

正如G・波利亚所说："数学的创造过程是与任何其他知识的创造过程一样的. 在证明一个数学定理之前，你先得猜测这个定理的内容，在你完全作出详细证明之前，你先得推测证明的思路.”阿基米德的那些公式，在没有给出严谨的证明之前，是怎么猜出来的呢？这个疑问，直到1906年，海伯格(Heiberg)在君士坦丁堡发现《方法论》的手抄本，才被理出个头绪来.那是阿基米德给埃拉托塞尼的一封信，长期失传.这个手抄本是在一个重写的羊皮文件中发现的，那是在10世纪写上的，后来13世纪时曾在上面重写宗教经文，幸亏阿基米德的大部分原文还能被修复.

阿基米德平衡法的基本思想是这样的：为了找出所求的面积或体积，可把它分割成很多窄的平行条形或薄而平行的片体，并且(在思想上)把这些片体挂在杠杆的一端，使它与容积和重心为已知的一个图形保持平衡.下面讲一个例子.

【例1】 用阿基米德平衡法求球体体积的公式.

令 r 为该球体的半径.这样安放球体：将其极直径放在水平 x 轴上，以其北极 N 为原点(参看图3-1).围绕 x 轴旋转矩形 $NABS$ 和 $\triangle NCS$，得回转体：圆柱和圆锥.然后，从这三个立体(球体、圆柱和圆锥)上切下与 N 的距离为 x、厚为 Δx 的竖立的薄片(假定它们是平柱体).这些薄片的体积近似地为

球体：$\pi x(2r-x)\Delta x$

圆柱体：$\pi r^2\Delta x$

圆锥体：$\pi x^2\Delta x$

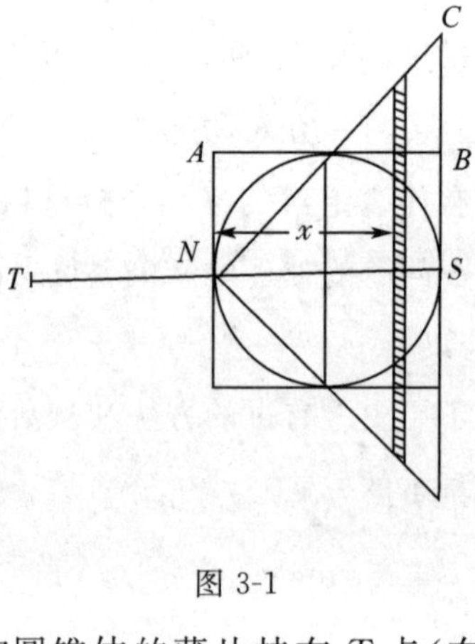

图3-1

让我们把球体和圆锥体的薄片挂在 T 点(在这里，$TN=2r$)上.它们关于 N 的组合矩为

$$[\pi x(2r-x)\Delta x+\pi x^2\Delta x]2r=4\pi r^2 x\Delta x$$

(在这里,一个体积关于一个点的矩是该体积与此点至该体积重心距离的乘积). 我们注意到:这是从圆柱体上切下来的薄片放在左边与 N 的距离为 x 处的矩的 4 倍. 把大量这些薄片加到一起,得

$$2r[\text{球体体积}+\text{圆锥体积}]=4r[\text{圆柱体积}]$$

或

$$2r\left(\text{球体体积}+\frac{8\pi r^3}{3}\right)=8\pi r^4$$

或

$$\text{球体体积}=4\pi r^3/3$$

为了更好地掌握阿基米德平衡法,下面再讲一个例子.

【例 2】 用阿基米德平衡法求抛物线弓形的面积. 以 AC 为弦的抛物线弓形,是我们要求面积的图形. 其证明步骤如下:

作 CF 与抛物线相切于 C 点,并且,作 AF 平行于抛物线的轴,OPM 也平行于抛物线的轴. K 是 FA 的中点,并且 $HK=KC$,取 K 为支点,放 OP 令其中心在 H 上,并让 OM 还留在原处(图 3-2).

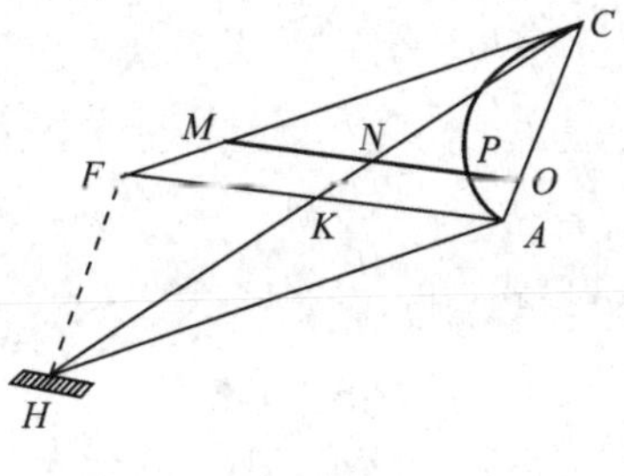

图 3-2

然后,利用几何上的定理,证明 $OP/OM=OA/AC$. 建立坐标系 O'-xy(O'为抛物线的顶点,$O'x$ 为其轴)(图 3-3). 有关诸点的坐标为:$A(x_1,y_1)$,$C(x_2,y_2)$,$O(x_0,y_0)$,$P(x,y_0)$,$M(x_3,y_0)$. 抛物线方程为:$y^2=2px$(p 为正整数). C 点处的切线方程为

$$y=\frac{p}{y_2}(x+x_2)$$

设 $OA/AC=\lambda$,求证 $OP/OM=\lambda$.

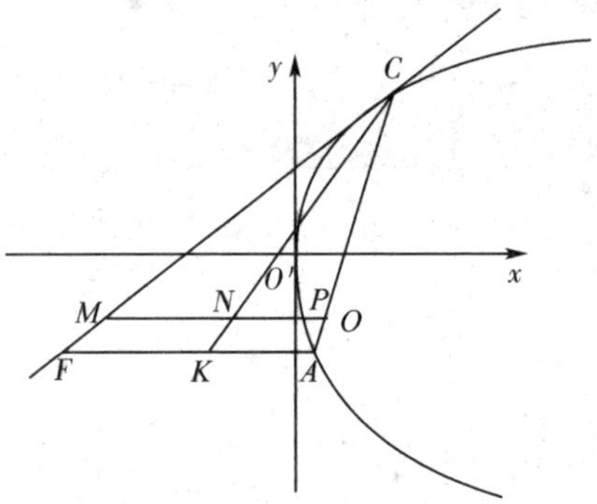

图 3-3

证明 由

$$\begin{cases}x_1=x_0+\lambda(x_1-x_2)\\y_1=y_0+\lambda(y_1-y_2)\end{cases}$$

又
$$\frac{OP}{OM}=\frac{x_0-x}{x_0-x_3} \tag{1}$$

$$x_0=x_1-\lambda(x_1-x_2)=\frac{1}{2p}[y_1^2-\lambda(y_1^2-y_2^2)] \tag{2}$$

$$x=\frac{y_0^2}{2p}=\frac{1}{2p}[y_1-\lambda(y_1-y_2)]^2 \tag{3}$$

$$x_3=\frac{y_0y_2}{p}-x_2=\frac{2y_2[y_1-\lambda(y_1-y_2)]-y_2^2}{2p} \tag{4}$$

将(2),(3),(4)代入(1)式,知$\frac{OP}{OM}=\lambda$

于是证出
$$\frac{OP}{OM}=\frac{OA}{AC}$$

亦即
$$\frac{OM}{OP}=\frac{AC}{OA}$$

从而有
$$OM/OP=KC/KN$$
$$OM/OP=HK/KN$$
$$OP\cdot HK=OM\cdot KN$$

又知,如果 N 为$\triangle AFC$ 的重心,则 $KN=\frac{1}{3}KC=\frac{1}{3}HK$. 所以,利用阿基米德平衡法,得

以 AC 为弦的抛物线弓形的面积$=\frac{1}{3}\triangle AFC$.

杠杆的方法也可以说是物理学的方法. 因此,在一定意义上讲,这是物理学方法向数学的渗透.

然而,尽管阿基米德用其平衡法"猜"到了这些公式,他并不把这样一种方法认作证明.因此,他又用穷竭法给出了其严格的证明.

3.3 穷竭法

穷竭法,一般认为,是欧多克斯(约公元前370年)首先提出的.他之所以提出穷竭法,是为了答复芝诺提出的悖论.

这方法假定量的无限可分性,并且以下述命题为基础:"如果从任何量中减去一个不小于它的一半的部分,从余部中再减去不小于它的一半的另一部分,等等,则最后将留下一个小于任何给定的同类量的量."而这个基础命题又是由阿基米德公理推出的,这条公理是:"如果有两个同类量,那么总能找到较小者的一个倍数,使之大于较大量."现在,让我们来看一个典型的例子.

【例1】 如果S和S'分别是直径为d和d'的两个圆的面积,则

$$S:S'=d^2:d'^2$$

在欧几里得的《原本》中,证明此命题的主要思路是:先证明圆可被多边形所"穷竭".在圆里面内接一个正方形,如图3-4所示.正方形面积大于圆面积的$\frac{1}{2}$,这是因为它大于外切正方形面积的1/2,而外切正方形面积又大于圆.设AB是内接正方形的一边,平分弧AB于点C处,并连接AC与CB,作C处的切线,然后作AD及BE垂直于切线.$\angle 1=\angle 2$,因两者都是弧CB的$\frac{1}{2}$.于是$DE\parallel AB$,故$ABED$为一矩形,其面积大于弓形ABC的面积.因此,等于矩形面积一半的$\triangle ABC$的面积大于弓形ABC的面积的$\frac{1}{2}$.对正方形的每边都这样做,便得一正八边形,它不仅包含正方形而且包含圆与正方形面积之差的一半以上.在八边形的每边上也可以完全按照在AB上作$\triangle ACB$那样作一三角形.这就得一正十六边形,它不仅包含八边形,而且还包含圆与八边形面积差的一半以上.这种做法你想做多少次就可以做多少次.然后根据穷竭法的基础命题断定圆和某一边数足够多的正多边形面积之差,可以比任何给定的量还要小.

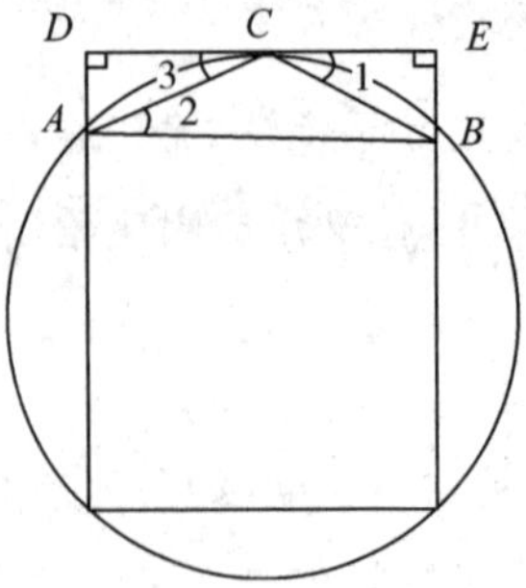

图 3-4

现在假设等式

$$S : S' = d^2 : d'^2 \tag{1}$$

不成立,而有

$$S : S'' = d^2 : d'^2 \tag{2}$$

其中 S''是大于或小于 S'的某一面积. 今设 $S''<S'$. 在 S'里作边数愈来愈多的正方形,一直到作出一个 P'(比方这么说),使它和 S'的面积之差小于 $S'-S''$(图 3-5). 这多边形是可以作出的,因上面已证明可使圆 S'和内接正多边形[面积]之差小于任意给定的量,从而小于 $S'-S''$. 于是有

$$S'>P'>S'' \tag{3}$$

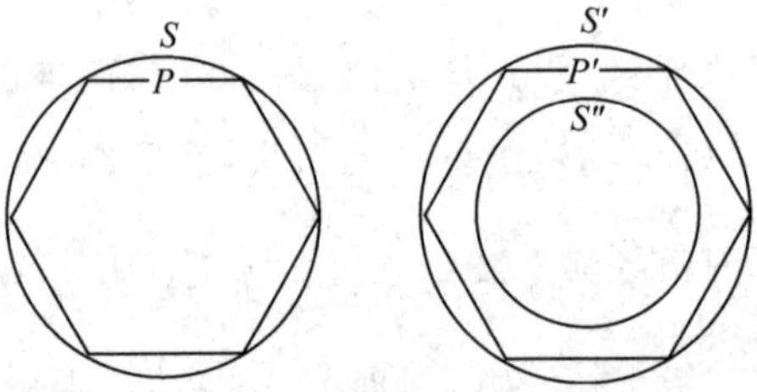

图 3-5

在 S 中作相似于 P'的内接多边形 P. 根据“圆内接相似多边形之比等于圆直径平方之比”的道理,有

$$P : P' = d^2 : d'^2$$

而根据(2)我们有

$$P : P' = S : S''$$

或

$$P : S = P' : S''$$

但因 $P<S$,于是

$$P' < S''$$

而这与(3)矛盾.

同样可证 S'' 不能大于 S'. 因此 $S''=S'$，而由于(2)，这就证明了比例(1).

——在这里是把穷竭法与双归谬法结合起来使用的.

在古人中，给出穷竭法最巧妙的应用的是阿基米德. 让我们再来看看上述抛物线弓形求积的例子.

【例 2】 抛物线弓形的求积.

令 C、D、E 为抛物线弓形的弧上点(图 3-6)，它们是这样作出的：过 AB、CA、CB 的中点 L、M、N，作平行于抛物线轴的 LC、MD、NE. 阿基米德用穷竭法证明此公式的基本思路是：先根据抛物线的几何性质证明

$$\triangle CDA+\triangle CEB=\frac{\triangle ACB}{4}$$

重复应用此概念，得抛物线弓形的面积为

$$\triangle ABC+\frac{\triangle ABC}{4}+\frac{\triangle ABC}{4^2}+\frac{\triangle ABC}{4^3}+\cdots$$

$$=\triangle ABC\times\left(1+\frac{1}{4}+\frac{1}{4^2}+\frac{1}{4^3}+\cdots\right)$$

$$=\frac{4}{3}\triangle ABC$$

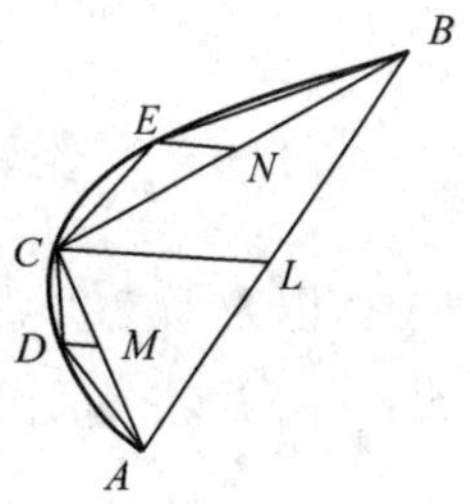

图 3-6

在这里，我们已经用几何级数之和的极限方法把过程简化了.

平衡法和穷竭法相比较，平衡法用于猜测和创造，而穷竭法则用于证明，用于演绎推理.

3.4 无限递降法

1879 年，在莱顿的图书馆中珍藏着 C・惠更斯的手稿，其中夹着一篇论文，是费马所讲到的一种一般方法(他很可能用这种方法作出许多发现). 这一方法被称作费马的无限递降法.

这方法简单地说是这样的：为了证明与正整数相联系的某关系式是不可能的，我们先反设：该关系式被一些正整数的特定集合满足. 从这个假定出发，证明同样的关系式对另一个较小的正整数集合成立. 于是，再用同样的方法证明：该关系式对于另一个更小的正整数集合

成立，等等以至无穷. 因为正整数不能无限减小，所以，开始的假定是站不住脚的，因而，原来的关系不能成立，让我们先看一个简单的例子.

【例 1】 证明$\sqrt{2}$是无理数.

假定$\sqrt{2}=\frac{a}{b}$. 在这里，a 和 b 是正整数. 但是

$$\sqrt{2}+1=\frac{1}{\sqrt{2}-1}$$

从而

$$\frac{a}{b}+1=\frac{1}{\frac{a}{b}-1}=\frac{b}{a-b}$$

并且

$$\sqrt{2}=\frac{a}{b}=\frac{b}{a-b}-1=\frac{2b-a}{a-b}=\frac{a_1}{b_1}$$

但是，因为 $1<\sqrt{2}<2$，以 a/b 代替$\sqrt{2}$后，再统统乘以 b，有 $b<a<2b$. 现在，因为 $a<2b$，因而有 $0<2b-a=a_1$，并且，因为 $b<a$，从而有 $a_1=2b-a<a$. 重新来一次这样的程序，得$\sqrt{2}=a_2/b_2$，在这里，a_2 是小于 a_1 的正整数. 此程序可以无限地重复. 因为正整数不能无限减小，所以，$\sqrt{2}$不能是有理数.

为了弄清楚这个方法，让我们再看一个例子.

【例 2】 求证 $x^3-2y^3-4z^3=0$ 无整数解.

证明 首先，若$\{x_1, y_1, z_1\}$是原方程的一组整数解，则显见$\{-x_1, -y_1, -z_1\}$也是原方程的一组整数解. 因此，只需考虑 $x>0$ 的所有整数解组. 令 S 为所有整数解组中 $x>0$ 的所有整数解组. 若 S 是空集，则命题得证. 若 S 非空，则由最小数原理，令 S 中的一个最小数是 x_0，设相应的整数解组为(x_0, y_0, z_0)，即 $x_0^3=2y_0^3+4z_0^3$，易知：x_0 是偶数，所以，令 $x_0=2x_1(x_0>x_1)$，代入上式得

$$8x_1^3=2y_0^3+4z_0^3$$

即

$$4x_1^3=y_0^3+2z_0^3$$

由此式知 y_0 也是偶数，所以，令 $y_0=2y_1$，代入该式得

$$4x_1^3=8y_1^3+2z_0^3$$

即 $$2x_1^3=4y_1^3+z_0^3$$

由此式知 z_0 也是偶数，所以，令 $z_0=2z_1$，代入该式得

$$2x_1^3=4y_1^3+8z_1^3$$

即 $$x_1^3=2y_1^3+4z_1^3$$

因为 x_1,y_1,z_1 都是整数，且 $x_1>0$，所以，此式说明$\{x_1,y_1,z_1\}$也是原方程的一组整数解，且 $x_1\in S$，但 $x_1<x_0$，这与 x_0 是 S 中的最小数矛盾，因而 S 是空集. 故原命题为真.

我们还可以把用无限递降法证明的逻辑步骤概括如下：

(1) 若一命题 $p(n)$对若干正整数 n 为真，则在此诸 n 中，必有一最小者.

(2) 若 $p(n)$为真，则有一正整数 $n'<n$，使 $p(n')$亦真.

若这两步已证，则可知 $p(n)$非真.

——还应该注意到一点：此法对确立否定的结论很有用.

3.5 数学归纳法与递归式

为人们熟知的数学归纳法，创始于帕斯卡(B. Pascal，1623—1662)关于算术三角阵的研究.

所谓“算术三角阵”，又称“帕斯卡三角阵”①，实际上是由二项式展开式各项系数按一定规则组成的数阵. 它的最初形式和今天常见的不大一样，如图 3-7 所示.

图 3-7 中有 10 行小正方形序列，每行各有正方形 $11-n(n=1,2,\cdots,10)$个，从左到右依次把它们编号，使不同行中同样序号的正方形排成垂直一列，现在用双下标表示这个正方形体系：$\{q_{mn}\}$，这里 $m=1,2,\cdots,N$，用来表示行数；$n=1,2,\cdots,N+1-m$，用来表示列数.

然后，在正方形 q_{N1} 和 q_{1N}之间连接对角线，如此等等，把这个正方形体系分划成一系列等边三角形. 每个等边三角形都构成一个“算术三角阵”，这里 N 叫作这种三角阵的阶数.

在帕斯卡那个时代，还没有普遍双下标，所以他自己用随意选择的希腊或拉丁字母标记每个小正方形，如$(G,\varphi,A,D,\cdots)$. 帕斯卡三

① 我国称之为“杨辉三角”或“贾宪三角”，在公元前 1200 年左右就有.

角阵的构成方式如下.

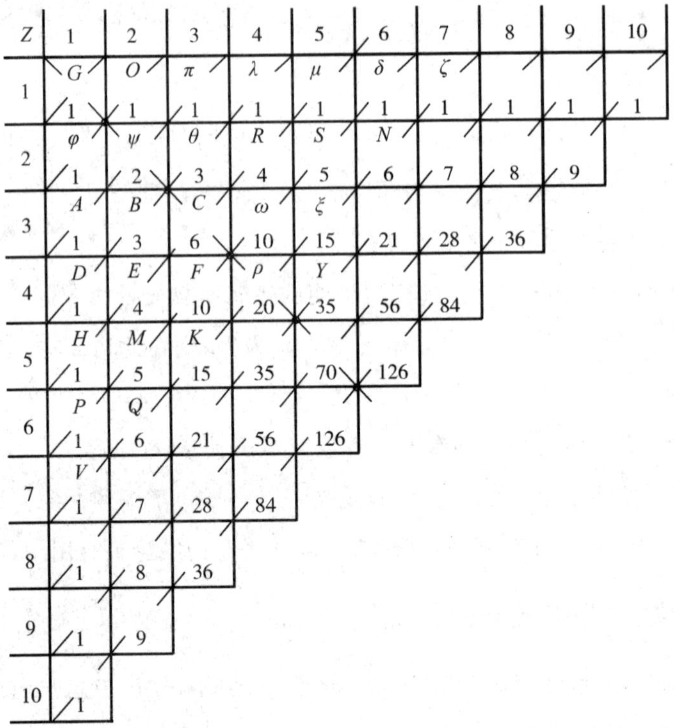

图 3-7

在每个小正方形中按如下规则写入一个数 $a(m,n)$:直角处的第一个小正方形中的数是可以任意选择的,它称为帕斯卡三角阵的"生成元";其余小正方形中的数是其上边和左边的小正方形中的数之和.

今天可以利用差分方程来表示这种关系.令帕斯卡三角阵的生成元为1,则在小正方形 q_{mn} 中应写入的数$a(m,n)$满足方程

$$a(m,n)=a(m-1,n)+a(m,n-1) \tag{1}$$

以及初始条件

$$a(0,n)=a(m,0)=0 \tag{1'}$$

由 $a(1,1)$(在图 3-7 中为 1)开始,利用(1)和(1′)可以很容易地算出其余小正方形中的数,并且其中的规律,即对称关系

$$a(m,n)=a(n,m) \tag{2}$$

也是显而易见的.

帕斯卡先证明了算术三角阵的四条引理,即:

引理 1　在每个算术三角阵中，第一列和第一行上的小正方形的数，都等于生成元.（这条引理可由(1)和(1′)立即推导出来.）

引理 2　在每个算术三角阵中，每个小正方形中的数，都等于其上行中自开始直至其所在列的若干小正方形中的数之和.

引理 3　在每个算术三角阵中，每个小正方形中的数，都等于其上列中自开始直至其所在行的若干小正方形中的数之和.

引理 4　如果有四个任意数，第一个是任意的，第二个大于第一个，第三个不小于第二个，第四个大于第三个，那么，在第三个数那样多的元素中取出第一个数那样多的元素的组合数，加上在第三个数那样多的元素中取出第二个数那样多的元素的组合数，就等于在第四个数那样多的元素中取出第二个数那样多的元素的组合数.[用今天的符号，此引理可表示为

$$\binom{n}{k}+\binom{n}{k+1}=\binom{n+1}{k+1}\quad n>k]$$

然后，再来证明其主要命题：

命题 1　在每个算术三角阵中，每一行所有小正方形中的数的总和，都等于三角形阶数中取出行数的组合数.

帕斯卡证明此命题的步骤是：

第一步证明，命题 1 对于第一个算术三角阵是明显成立的.

第二步证明，如果有一个算术三角阵，无论我们选择其中哪一行，命题 1 都成立，则可断言比它阶数大的算术三角阵都具有同样的性质.

——正是由于他使用了数学归纳法，使这一证明的普遍性得到了保证.

通常将数学归纳法的原理陈述如下：若一个命题 $A(n)$ 当 $n=1$ 时成立，又在假定该命题当 $n=k$ 时成立的情况下，能证明当 $n=k+1$ 时也成立，那么就可断定这个命题对于任何自然数 n 都成立.

必须强调指出：在使用数学归纳法证明某命题成立时，下述两个步骤缺一不可，即

(1) 当 $n=1$ 时，此命题是正确的；

(2) 假设当 $n=k$ 时，这命题是正确的，那么当 $n=k+1$ 时，这个

命题也是正确的.

为了弄清楚数学归纳法的原理,还必须考察一下自然数的性质.众所周知,自然数集合就是指 1,2,3…这些数所组成的整体.

关于自然数有以下性质:

(1) 1 是一个自然数.

(2) 每一个确定的自然数 a,都有一个确定的后继数 a',而 a' 也是一个自然数.

(3) 1 不是任何自然数的后继数,即 $1\neq a'$.

(4) 一个数只能是某一个数的后继数,或者根本不是后继数,即由

$$a'=b'$$

一定能推得

$$a=b$$

(5) 任意一个自然数的集合,如果包含 1,并且假设包含 a,也一定包含 a 的后继数 a',那么这个集合就包含所有的自然数.

自然数的这五条性质是由意大利数学家皮亚诺抽象出来的.皮亚诺在 1891 年构造了一个公理系统,它包括三个原始概念和五条公理,通常叫作关于自然数系的皮亚诺公理系统,大量的算术命题便由这公理系统演绎出来,这三个原始概念是自然数集 N、数 1、后继数(数 a 的后继数用 a' 表示),五个公理就是上述自然数的这五条性质,其中(2)叫作继元公理,而(5)称为归纳公理.

数学归纳法,称之曰"归纳",实质上是演绎.以上进行演绎推理的根据,就是关于自然数的公理.

无限递降法与数学归纳法相比,有一个共同之处,这就是都基于自然数的性质.无限递降法是基于自然数的另一条重要性质:最小数原理.最小数原理为:"自然数集 N 的每个非空集 A 中一定有最小数."它们的相异之处则在于:无限递降法用于否定某些论断,而数学归纳法用于肯定某些论断.

数学归纳法与递归式的关系很密切,它既来源于递归式又应用于递归式.

3.6 反演法

反演法，即从已知条件往回推. 这是古代印度数学家们常用的一种方法.

让我们考虑大阿利耶波多(约 475—550)在公元 6 世纪给出的下述问题："带着微笑眼睛的美丽少女，请你告诉我，按照你理解的正确反演法，什么数乘以 3，加上这个乘积的 3/4，然后除以 7，减去此商的 1/3，自乘，减去 52，取平方根，加上 8，除以 10，得 2?"根据反演法，我们从 2 这个数开始往回推. 于是，$[2\times10-8]^2+52=196$，$\sqrt{196}=14$，$14\times(3/2)\times7\times(4/7)/3=28$，即为答案. 注意：这个问题告诉我们：在哪个地方除以 10，就乘以 10；在哪个地方加上 8，就减去 8；在哪个地方取平方根，就自乘，等等. 就是因为对每一个运算都以其逆运算来代替，所以称为反演法.

现在来看 G·波利亚《数学的发现》第一卷讲到的一种方法，即"把问题当作是已解决了的."

【例 1】 给定 A、B、C 三个点，作一直线交 AC 于 X 点，交 BC 于 Y 点，使得 $AX=XY=YB$.(图 3-8).

其解题思路是：

先设想已经知道 X 和 Y 两个点中某一个的位置. 这样，我们就能用作中垂线的方法求得另一个点. 然而，我们没法知道两个点中的任何一个. ——此路暂时不通.

再设想：把问题当作是已解决了的. 即，设想图 3-8 中 $AXYB$ 这条折线的三段 AX、XY 和 YB 正好相等. 相等的线段本来可以构成很多奇妙的图形，但是它们却处于这样一种难以满足的相互关系之中，怎么办? 最先想到的是：再添上一条相等的线段，即作 YZ 平行且等于 XA(图 3-9).

在作了辅助线 YZ 之后，再把 Z 点和 A 点、B 点连接起来(图 3-10)，我们得到菱形 $XAZY$ 和等腰三角形 BYZ. 再把 A 点和 B 点连接起来，还可以考虑 $BYZA$ 四边形(图 3-11). 进一步想：能否实际地作出$\triangle BYZ$. 我们可以说：虽然不知道其大小，但知道了其形状，很容易做出与之相似的三角形. 于 BC 边上任意一点 Y' 作 CA 的平行线 $Y'Z'$，且令 $Y'Z'=Y'B$. 则所得$\triangle BY'Z'$必与我们想得到的$\triangle BYZ$ 相似.

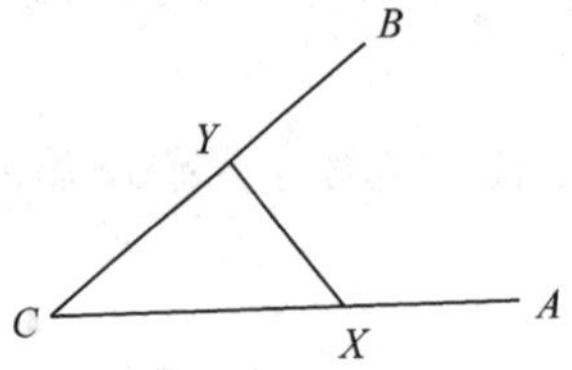

图 3-8

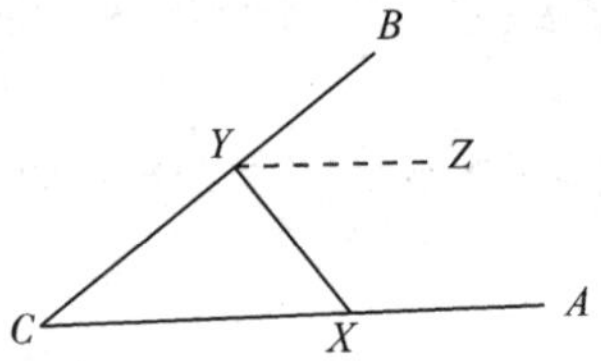

图 3-9

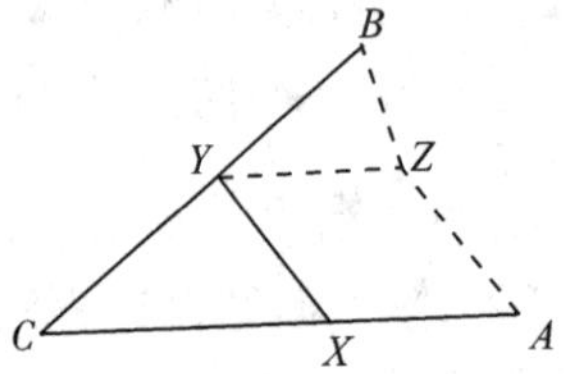

图 3-10

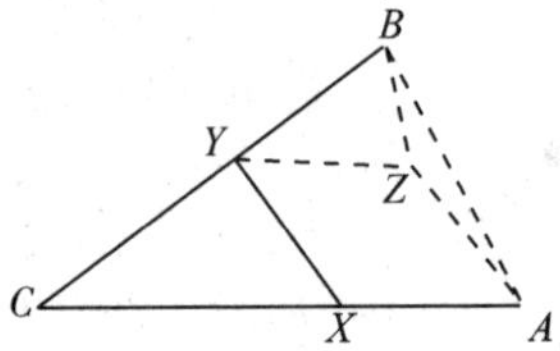

图 3-11

再进一步，作四边形 $BY'Z'A'$，使之与四边形$BYZA$相似，是可能的. 实际上，只是在 AB 上确定一点 A'，使得 $A'Z'=Y'Z'$(图 3-12).

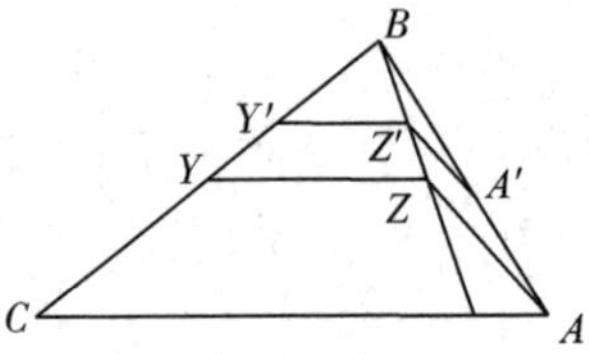

图 3-12

最后，作 $AZ /\!/ A'Z'$，作 $ZY /\!/ Z'Y'$，则实际上得到了四边形 $BYZA$(图 3-12). 作 $YX /\!/ ZA$，所得 X 即我们所要求的折线上一点. 易证：此时折线 $AXYB$ 符合要求，即 $AX=XY=YB$.

——G·波利亚关于这个几何作图题的解题思路，在一定意义上讲，也是反演法.

虽然在这里介绍的两个问题都是简单的、初等数学的题目，但是这种思想给我们很大的启发，其应用范围绝不限于此.

3.7 映射法

对数运算，在没有电子计算器之前，曾经是天文学工作者不可缺乏的手段，简直达到了“如布帛菽粟不可须臾离也”的地步，因此，拉普拉斯曾赞之曰：对数的发现“以其节省劳力而延长了天文学者的寿命.”让我们看一个例子.

【例 1】 设 1980 年底我国人口为 10 亿，(1)如果我国人口每年比上年平均递增 2%，那么到 2000 年底将达到多少？(2)要使 2000 年底我国人口不超过 12 亿，那么每年比上年平均递增率最高是多少？

解 (1) 设 2000 年底的人口是 a 亿，则

$$a=10(1+2\%)^{20}$$

两边取对数，得

$$\begin{aligned}\lg a&=\lg 10+20\lg 1.02\\&=1+20\times 0.00860\\&=1.17200\end{aligned}$$

所以，$a=14.859$ 即 2000 年底人口将达到 14.859 亿.

(2) 设每年比上年平均递增率是 x，依题意有

$$10(1+x)^{20}\leqslant 12$$

根据 $\lg x$ 的递增性，可对上述不等式两边取对数，得

$$1+20\lg(1+x)\leqslant \lg 12$$

$$\begin{aligned}\lg(1+x)&\leqslant\frac{1}{20}(\lg 12-1)\\&=\frac{1}{20}\times 0.07918\\&=0.00396\end{aligned}$$

所以

$$1+x\leqslant 1.0092$$

$$x\leqslant 0.0092$$

即每年比上年平均递增率最高是 0.92%.

其实，对数运算说到底不过是：(1)把数之间的关系映射为其对数间的关系；(2)进行对数运算；(3)再将对数运算的结果返求真数——此即原来数的运算应得的结果.

再来看一个运用拉普拉斯变换计算的例子.

【例 2】 求解交流 RL 电路的方程

$$\begin{cases}L\dfrac{\mathrm{d}}{\mathrm{d}t}j+Rj=E_0\sin\omega t\\ j(0)=0\end{cases}$$

解 对方程施行拉普拉斯变换

$$L\,\overline{pj}+R\,\overline{j}=E_0\,\frac{\omega}{p^2+\omega^2}$$

从变换后的方程容易解出

$$\bar{j}=\frac{E_0}{Lp+R}\cdot\frac{\omega}{p^2+\omega^2}=\frac{E_0}{L}\cdot\frac{1}{p+(R/L)}\cdot\frac{\omega}{p^2+\omega^2}$$

最后是进行反演. 由于

$$L^{-1}\left[\frac{\omega}{p^2+\omega^2}\right]=\sin\omega t,\quad L^{-1}\left[\frac{1}{p+(R/L)}\right]=\mathrm{e}^{-(R/L)^t}$$

引用卷积定理进行反演：

$$\begin{aligned}j(t)&=\frac{E_0}{L}\int_0^t\mathrm{e}^{-(R/L)^{(t-\tau)}}\sin\omega\tau\,\mathrm{d}\tau\\&=\frac{E_0}{L}\left\{\mathrm{e}^{-(R/L)^t}\left[\mathrm{e}^{(R/L)^\tau}\frac{(R/L)\sin\omega\tau-\omega\cos\omega\tau}{R^2/L^2+\omega^2}\right]_0^t\right\}\\&=\frac{E_0}{L}\frac{(R/L)\sin\omega t-\omega\cos\omega t}{(R^2/L^2)+\omega^2}+\frac{E_0}{L}\frac{\omega\mathrm{e}^{-(R/L)^t}}{(R^2/L^2)+\omega^2}\\&=\frac{E_0}{R^2+L^2\omega}(R\sin\omega t-\omega L\cos\omega t)+\frac{E_0\omega L}{R^2+L^2\omega^2}\mathrm{e}^{-(R/L)^t}\end{aligned}$$

所得结果的第一部分代表一个稳定的(幅度不变的)振荡,第二部分则是随时间而衰减的.

其实,利用拉普拉斯变换进行运算,说到底不过是:(1)把关于原函数的运算变成关于象函数的运算;(2) 对象函数求解;(3) 对求出的象函数进行反演,所得的原函数即原来方程的解.

仔细想想:对数运算也好,拉普拉斯变换也好,道理只有一个,那就是“映射”. 徐利治先生在《数学方法论选讲》一书中,对数学中的关系映射反演原则作出了如下陈述:

给定一个含有目标原象 x 的关系结构系统 S,如果能找到一个可定映射 φ,将 S 映入或映满 S^*,则可从 S^* 通过一定的数学方法把目标映象 $x^*=\varphi(x)$确定出来,从而通过反演即逆映射 φ^{-1} 便可把 $x=\varphi^{-1}(x^*)$确定出来. 这个过程的框图如图 3-13 所示.

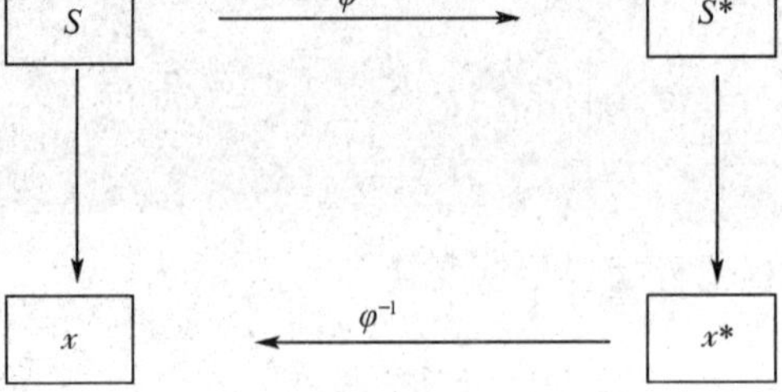

图 3-13

全过程包括的步骤为:关系—映射—定映—反演—得解.事实上,这也是一种较高层次的数学方法.

3.8 对偶原理

在平面射影几何中,有一条威力很大的定理,那就是对偶原理.即:当运用理想的无限元素时,如果在一个关于“点”和“线”的真实命题中,互换这两个字并使语句通顺,就得到另一个关于“线”和“点”的真实命题.这是因为,在平面射影几何中,点与线之间存在明显的对称.说它“威力大”,意思是:一旦对偶原理被建立,则每个对偶对的一个命题的证明都会带来另一个命题的证明.

例如,**帕斯卡定理**:

一个六边形的六个顶点在一条二次曲线上,当且仅当该三对对边的交点在一条线上.

经对偶得:

一个六边形的六条边切一条二次曲线,当且仅当该三对顶点的连线交于一点.

又如,**笛沙格定理**:

如果两个三角形(在同一平面或不在同一平面上)对应顶点的连线共点,则对应边的交点共线,反之亦然.

经对偶得:

如果两个三角形(在同一平面或不在同一平面上)对应边的交点共线,则对应顶点的连线共点,反之亦然.

注意:笛沙格定理的对偶命题,实际上和它本身一样,只不过把正定理变成了逆定理,逆定理变成了正定理.

证明对偶原理有几种方法:(1)给出投影几何的一组公设,同时给出与它们构成对偶对的另一组公设;对由第一组公设导出的任何一个定理,可以由第二组公设依相应的步骤推出其对偶.(2)还可以解析地证明对偶原理:一旦线的“坐标”和点的“方程”的概念被确立,熟悉关于某基本二次曲线的极点和极轴概念的读者就会理解:在极点和极轴之间建立好对应,对于每一个包括线和点的图形,会有一个包括点和线的对偶图形与之相联系.对偶原理最初就是这样确立的.

真是“无独有偶”！在线性规划中也有个对偶问题（或对偶性定理）. 说的是：对于线性规划中每一个最大值问题，相应地存在着一个特定的包含同样数据的最小值问题. 事实上，只有当最小值问题存在有限解时，最大值问题才存在有限解. 有这种对称关系的，我们就称一个问题为另一个问题的对偶.

让我们用数学语言把它较严谨地表达如下.

考虑下面两个互为对偶的问题：

Ⅰ. 求 $\boldsymbol{f}=\boldsymbol{c}^{\mathrm{T}}\boldsymbol{x}$ 的最小值，这里 $\boldsymbol{x}$ 和 $\boldsymbol{c}$ 是 $n\times 1$ 矩阵，而 $\boldsymbol{x}$ 满足

$$\boldsymbol{A}\boldsymbol{x}\geqslant\boldsymbol{b} \text{ 和 } \boldsymbol{x}\geqslant\boldsymbol{0}$$

这里 $\boldsymbol{A}$ 是 $m\times n$ 矩阵，$\boldsymbol{b}$ 是 $m\times 1$ 矩阵.

Ⅱ. 求 $\boldsymbol{g}=\boldsymbol{w}^{\mathrm{T}}\boldsymbol{b}$ 的最大值，这里 $\boldsymbol{w}$ 是 $m\times 1$ 矩阵，且满足

$$\boldsymbol{w}^{\mathrm{T}}\boldsymbol{A}\leqslant\boldsymbol{c}^{\mathrm{T}} \text{ 和 } \boldsymbol{w}\geqslant\boldsymbol{0}$$

对偶性定理 如果Ⅰ和Ⅱ之中一个有解，并且那个解是有限的，则另一个的解也一定存在，并且是有限的，而且

$$\min f=\max g$$

罗宾（H. Robin）在 1949 年首先观察到利用单纯形方法证明这个证明的可能性. 罗宾观察到在表现为线性规划问题的总和为零的对局（博弈中）的解的最终单纯形表中，自动地包含了对偶问题的解. 由于冯·诺依曼早已证明：一个泛函有着有限最优值的线性规划问题一般可以表现为总和为零的对局. 1951 年，奥尔格和丹捷格研究了一般的单纯形表，并证明对偶问题的解可以在最后的单纯形表中明晰地找到.

——甚至我们可以进一步提问：在这些对偶原理的后面是否存在着更深一层的原因和根据.

3.9 形式运算法

形式运算法（formal manipulation）以对符号的力量的高度信任为前提，在 18 世纪颇为流行.

数学史家们对形式运算法的弊病曾予以较多的关注. 他们指出：由于没有适当地注意包含无限过程的公式的收敛性和数学存在性，产生了不少谬论. 例如，把二项式定理形式地应用于 $(1-2)^{-1}$，得到：

$$-1=1+2+4+8+16+\cdots$$

又如，把

$$x+x^2+\cdots=\frac{x}{1-x}$$

和

$$1+\frac{1}{x}+\frac{1}{x^2}+\cdots=\frac{x}{x-1}$$

两个级数加起来，得

$$\cdots+\frac{1}{x^2}+\frac{1}{x}+1+x+x^2+\cdots=0$$

其实，形式运算法对于数学的发展所建立的功勋更是令人难忘的. 例如，欧拉从棣莫弗尔（1667—1754）于 1730 年提出的公式：

$$(\cos z\pm \mathrm{i}\sin z)^n=\cos nz\pm \mathrm{i}\sin nz$$

着手推出：

$$\cos nz=[(\cos z+\mathrm{i}\sin z)^n+(\cos z-\mathrm{i}\sin z)^n]/2 \tag{1}$$

$$\sin nz=[(\cos z+\mathrm{i}\sin z)^n-(\cos z-\mathrm{i}\sin z)^n]/2\mathrm{i} \tag{2}$$

把它们化为二项式级数展开，得

$$\cos nz=(\cos z)^n-\frac{n(n-1)}{1\cdot 2}(\cos z)^{n-2}(\sin z)^2+\frac{n(n-1)(n-2)(n-3)}{1\cdot 2\cdot 3\cdot 4}(\cos z)^{n-4}(\sin z)^4\cdots$$

$$\sin nz=\frac{n}{1}(\cos z)^{n-1}(\sin z)-\frac{n(n-1)(n-2)}{1\cdot 2\cdot 3}\cdot(\cos z)^{n-3}(\sin z)^3+\cdots$$

然后令 z 为无穷小，n 为无穷大，但是，nz 保持为有限量（比如说 v）. 再利用 $\sin z=z=v/n$ 和 $\cos z=1$，并将公式(1)、(2)改写为

$$\cos v=1-\frac{v^2}{1\cdot 2}+\frac{v^4}{1\cdot 2\cdot 3\cdot 4}-\cdots$$

$$\sin v=v-\frac{v^3}{1\cdot 2\cdot 3}+\frac{v^5}{1\cdot 2\cdot 3\cdot 4\cdot 5}-\cdots$$

还可以依上述的同样推理，把(1)、(2)二式改写成

$$\cos v=\frac{[(1+\mathrm{i}v/n)^n+(1-\mathrm{i}v/n)^n]}{2}$$

$$\sin v=\frac{[(1+\mathrm{i}v/n)^n-(1-\mathrm{i}v/n)^n]}{2\mathrm{i}}$$

再利用欧拉自己证明过的公式$(1+z/n)^n=e^z$，把公式(1)、(2)改写成

$$\cos v=\frac{e^{iv}+e^{-iv}}{2}$$

$$\sin v=\frac{e^{iv}-e^{-iv}}{2i}$$

得

$$e^{iv}=\cos v+i\sin v$$

$$e^{-iv}=\cos v-i\sin v$$

继续推演，即可得到：

$$v=\frac{1}{2i}\log_e\left(\frac{\cos v+i\sin v}{\cos v-i\sin v}\right)=\frac{1}{2i}\log_e\left(\frac{1+i\tan v}{1-i\tan v}\right)$$

再利用他曾证明过的无穷级数

$$\log_e\frac{1+x}{1-x}=\frac{2x}{1}+\frac{2x^3}{3}+\frac{2x^5}{5}+\frac{2x^7}{7}+\cdots$$

得

$$v=\frac{\tan v}{1}-\frac{(\tan v)^3}{3}+\frac{(\tan v)^5}{5}-\frac{(\tan v)^7}{7}+\cdots$$

令 $t=\tan v$，得

$$v=\frac{t}{1}-\frac{t^3}{3}+\frac{t^5}{5}-\frac{t^7}{7}+\cdots$$

令 $t=1$，即令 $\tan v=1$，因而 $v=\pi/4$. 于是，得下列级数

$$\frac{\pi}{4}=1-\frac{1}{3}+\frac{1}{5}-\frac{1}{7}+\cdots$$

——这个无穷级数是莱布尼兹(1646—1716)早就发现了的，而欧拉又从这个渠道给予了证明. 从另一意义上看，这也是“部分确认法”，因为这使我们对莱布尼兹给出的公式更加信任，尽管这公式仍然是可疑的.

欧拉对于$1+\frac{1}{2^2}+\frac{1}{3^2}+\frac{1}{4^2}+\cdots$的计算是另一个著名的例子. 他的具体做法是：

令 $\alpha_1,\cdots,\alpha_n$ 为方程

$$a_nx^n+a_{n-1}x^{n-1}+\cdots+a_1x+a_0=0$$

(在这里，$a_0\neq0,a_n\neq0$)的根，显然，$\alpha_1,\cdots,\alpha_n$ 均非零. 于是

$$a_nx^n+a_{n-1}x^{n-1}+\cdots+a_1x+a_0$$

$$=a_0\left(1-\frac{x}{\alpha_1}\right)\cdots\left(1-\frac{x}{\alpha_n}\right)$$

并且因此 $a_1=-a_0\left(\frac{1}{\alpha_1}+\cdots+\frac{1}{\alpha_n}\right)$. 欧拉把幂级数当作多项式看待. 他指出

$$\sin v=v-\frac{v^3}{1\cdot 2\cdot 3}+\frac{v^5}{1\cdot 2\cdot 3\cdot 4\cdot 5}-\cdots=0$$

有根 $0,\pm\pi,\pm 2\pi,\pm 3\pi,\cdots$,因而

$$\frac{\sin v}{v}=1-\frac{v^2}{1\cdot 2\cdot 3}+\frac{v^4}{1\cdot 2\cdot 3\cdot 4\cdot 5}-\cdots=0$$

有根 $\pm\pi,\pm 2\pi,\pm 3\pi,\cdots$,即

$$1-\frac{x}{1\cdot 2\cdot 3}+\frac{x^2}{1\cdot 2\cdot 3\cdot 4\cdot 5}-\cdots=0$$

有根 $\pi^2,(2\pi)^2,(3\pi)^2,\cdots$. 再利用前面讨论过的关系式,得

$$-\frac{1}{1\cdot 2\cdot 3}=-\left(\frac{1}{\pi^2}+\frac{1}{2^2\pi^2}+\frac{1}{3^2\pi^2}+\cdots\right)$$

从而,得

$$\frac{\pi^2}{6}=1+\frac{1}{2^2}+\frac{1}{3^2}+\frac{1}{4^2}+\cdots$$

雅克·伯努利说过:“假如有人能够求出这个直到现在还未求出的和并能把它通知我们,我们将会很感谢他.”他所指的就是自然数平方的倒数和.

应该说,形式运算法在科学研究中(尤其是数学研究中)曾经起到过,并且还将继续起重要的作用.

3.10 实验的方法

一般认为,数学是一门理论性很强的学科,而且自始至终贯穿着推理,与实验无缘. 其实,不尽如此. 毕丰(Comte de Buffon,1707—1788)于 1777 年提出并解决的“投针问题”,就起到了“一石惊破水中天”的作用,这说明数学与实验有着十分密切的关系. 现在就用数学语言把它表述如下.

【例 1】 现有一枚长为 l 并且质量均匀的针,把它随机地掷于事先用尺划上距离为 $a>l$ 的平行线的平面上. 问针与任一直线相交的概率有多大?

在这里，"随机"意指针的中心落在所有点上和落下的针朝所有方向都是等概率的；并且，两个变量是不相关的. 现令 x 表示针的中心与平行线的最短距离，并且，令 ϕ 表示针的方向与平行线方向的交角.

(a) 试证明图 3-14(a)中针与线相交当且仅当 $x<\frac{1}{2}l\sin\phi$.

(b) 在笛卡尔直角坐标 x 和 ϕ 的平面中，考虑[图 3-14(b)]满足下列不等式的矩形 OA 之内点：

$$0<x<a/2,0<\phi<\pi$$

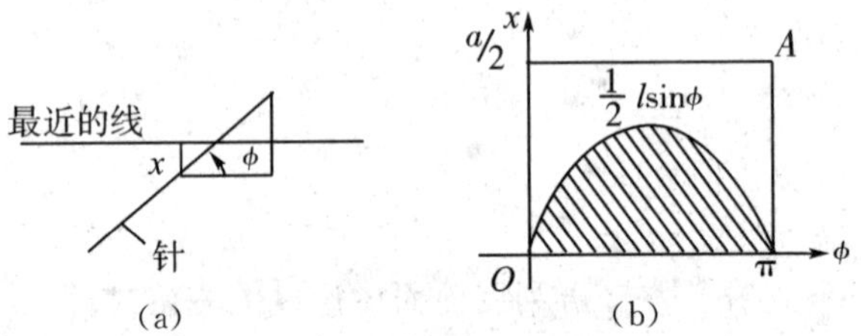

图 3-14

对于此矩形中的每一点，有针的一个且仅有一个位置(x)和方向(ϕ)与之对应. 图 3-14(b)中阴影部分的每一点，有使针与平行线之一相交的一个且仅有一个位置(x)和方向(ϕ)与之对应. 试证明我们找的概率是阴影面积与矩形 OA 的总面积的比值.

(c) 然后证明我们要的概率可由下式给出：

$$P=\frac{\frac{1}{2}\int_0^{\pi}\sin\phi\mathrm{d}\phi}{\frac{\pi a}{2}}=\frac{2l}{\pi a}$$

(d) 拉普拉斯在其《关于概率的分析理论》(1812 年)一书中推广了毕丰的结果，证明：如果我们有等距离平行线的二正交集(一个集的距离为 a，另一个集的距离为 b)，则随机地掷长为 $l<a,l<b$ 的针，落在线中之一上的概率 P 为

$$P=\frac{2l(a+b)-l^2}{\pi ab}$$

在拉普拉斯的问题中令 $b\to\infty$，则其结果与毕丰的一致.

(由于在表述此题的过程中已经作了剖析，就不再给出其详细解答了.)

求 π 的实验方法就是从例 1(c)的结果推出的：设 $P=\frac{m}{n}$(在这里，

n是总实验次数，m是针与平行线之一相交的次数)，则可得 $\pi\approx\frac{2ln}{am}$.

在历史上，有很多人利用毕丰定理做过实验：

1850 年，瑞士数学家沃尔夫在苏黎世，用一根长 36 毫米的针，投掷 5000 次(平行线间距为 45 毫米)，得到 π 的近似值为 3.1596.

1855 年，英国人史密斯投掷了 3200 次，得到 π 的近似值为 3.1553.

1864 年，英国人福克斯投掷了 1100 次，得到 π 的近似值为3.1419.

1901 年，意大利人拉泽里尼(Lazzerini)投掷了 3408 次，得到的 π 值准确到第六位小数(但有人对此持怀疑态度).

无论如何，毕丰的实验进一步揭示了数学方法的多方面性和灵活性.

3.11 构造的方法

让我们引证外尔(H. Weyl)在《数学的思维方式》一文中的话来说明构造的方法. 他说："当数学家们转向抽象时，有一件最为门外汉所不能理解的事情，那就是直觉的图像必须被转化为一种符号构造."

斯派泽(A. Speiser)也说："数学先以它的几何构造，再以它的纯符号构造冲破了语言的桎梏. 只要了解一下这一工作所需付出的巨大劳动，以及它不断涌现出来的惊人成果，你就不能不承认在知识世界中，当今数学要比现代语言的惨淡境地以及音乐领域里的各自为政的局面有作为得多."

这里将花些时间向读者说明符号构造的魔力.

为此，必须从自然数(或整数)开始. 它最简单，但从某种意义上说又最深刻. 我们在此使用的符号是一个接一个的横划，那些实体可能消散隐去，"耗散消融，化为乌有"，而记录下了它们的数目. 对使用这样的符号表示的两个数，我们能用一种构造性的方法来解决哪一个数为较大. ……我们不只停留在这一步——碰到机会时去数客观实体的数目，而是构造出了所有可能的数的一个开序列：它从 1(或 0)开始，通过在已得数字符号 n 上再加一个横划就得到下一个 n'. 正如我们以前常说的那样，客观的存在就被投影到一个可能存在的背景上，或者更确切地说，投影到一个可能的流形上，这个流形通过迭代展开一直延伸到无穷，无论给定什么数，我们总是认为可以递进到下一个数 n'，“数无止境”. 这种“永远还有一个”的直觉，这种不断可以数下去的无穷的直觉乃是整个数学的基础.

“我们的空间概念与自然数的情况相仿，它可以理解为一种包括一切可能位置的构造.”

然后，外尔又以拓扑学这个数学的重要分支为例来说明构造的方法.

“在直线这个一维连续统上，点的定位符号是实数. 我喜欢考虑一个闭合的一维连续统——圆. 关于连续统的最基本命题是：它可以剖分成部分. 我们在该连续统上，通过加密一个剖分网格可以得到连续统的所有点. 我们用无限地重复一种确定的剖分方法来加细这些网点. 设 S 是圆的一个任意剖分，它将圆分成一些弧段，比如说 l 个弧段. 对 S 我们用正规子重分法，即将每一段弧一分为二，得到新的剖分 S'. 于是 S' 的弧段数将为 $2l$，当按确定的方式（定向）绕圆运动，我们可以按遇到它们的先后次序用标记 0 和 1 来区分这两个分弧段. 更确切地说，如果弧由符号 α 表示，那么两个分弧段记为 α_0 和 α_1. 我们从把圆分成＋和－两个弧段的剖分 S_0 开始，其中任何一个弧段在拓扑上是 1-胞腔，也就是它与直线段等价；然后我们反复地采用正规子重分法，从而得到 S'_0，S''_0…. 注意：剖分的加细最终将把整个圆弄得粉碎. 如果我们没有放弃使用度量的性质，我们可以规定正规子重分法将每个弧段分割成为相等的两半. 但是我们没有作这样的限定，因此这个方法在实际执行中可以有很大的任意性. 然而，在剖分的每一步，各部分互相邻接的组合图式，亦即剖分时所依据的组合图式是唯一和完全确定的. 数学只关心这种符号图式. 对于在逐次剖分中所出现的分弧段，可用二进制小数＋.011010001，－.011010001这样的记号表示之；在这里，＋或－位于小数点之前，所有以后的位置由 0 或 1 占据. 点由逐次剖分中弧段的无限序列来确定，因此，这些点可表示为无限二进制小数.”

“让我们试着对二维连续统（例如对球面或环面）作一些类似的讨论. 图形表明如何对两者皆可构造一个极为粗糙的网格，一个由两个网片组成，另一个由四个网片组成，即球面被赤道分成上下两半，环面由四个矩形密接在一起而成. 这些网片是二维胞腔(可简写成 2-胞腔)，它拓扑地等价于一个圆面. 用组合的语言来描述，也是采用引入剖分的顶点和棱边而加以简化：在这里，顶点是 0-胞腔，而棱边是 1-胞腔. 我们可以赋予它们任意的符号，并对 2-胞腔用符号表明它们以哪些 1-胞腔为边界，对 1-胞腔用符号表明它们以哪些 0-胞腔为边界. 至此，我们得到拓扑图式 S. 我们的两个例子是：

球面(图 3-15)：$A\to\alpha,\alpha'$. $A'\to\alpha,\alpha'$. $\alpha\to a,a'$.

$\alpha'\to a,a'$. (“$\to$”表示以…为边界)

球面(图 3-16)：$A\to\alpha,\alpha',\gamma,\delta$. $A'\to\alpha,\alpha',\gamma',\delta'$.

$B\to\beta,\beta',\gamma,\delta$. $B'\to\beta,\beta',\gamma',\delta'$.

$d\to c,d$. $\alpha'\to c,d$. $\beta\to c,d$. $\beta'\to c',d'$.

$\gamma\to c,c'$. $\gamma'\to c,c'$. $\delta\to d,d'$. $\delta'\to d,d'$.

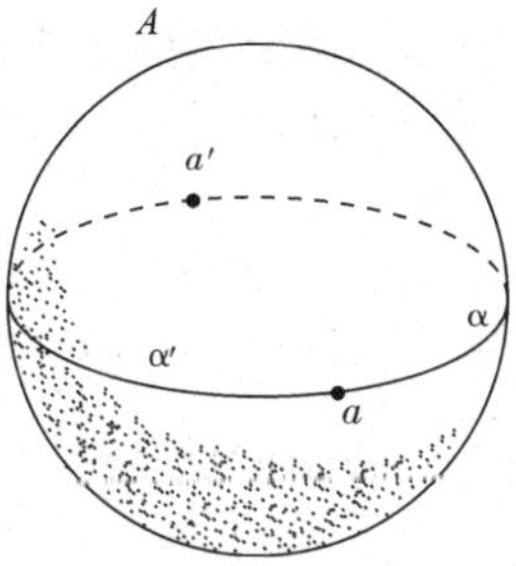

图 3-15

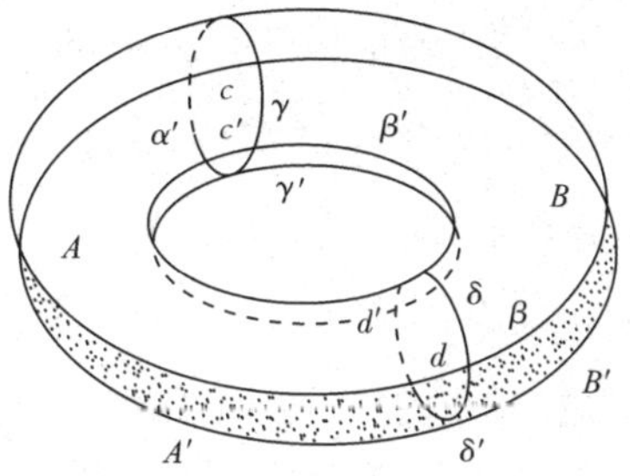

图 3-16

为了显示得清楚些，专看其一部分(图 3-17)：

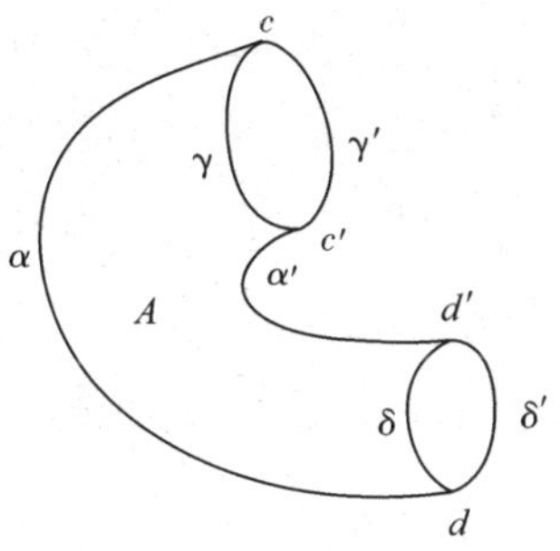

图 3-17

从这个初始状态开始，反复进行正规子重分，并且反复使用类似的符号方法(比如说，以 $c_2c_1c_0$ 代表 S'中的 2-胞腔 c'_2，它由 S 中的 2-

胞腔符号 c_2,1-胞腔符号 c_1 以及 0-胞腔符号 c_0 组成.其中 c_2 以 c_1 为边界,c_1 以 c_0 为边界),从初始图式 S_0 导出图式序列 $S_0{}'$,$S_0{}''$,$S_0{}'''$,….我们所做的只是对由逐次子重分所生成的各部分进行系统的编目.我们的连续统中的一点可以由序列 $cc'c''\cdots$ 确定.我们确信不仅每一点可以由这样的序列得出,而且任意地构造出的此类序列总可以得出某一点.由这种构造可导出极限、收敛和连续等基本概念."

随后,他说:"数学抽象的决定性步骤是:忘掉符号代表的是什么东西.数学家只关心符号本身,就像编目工作人员不关心他的目录符号代表什么书一样,也并不关心其符号代表直观给出的流形哪一部分.但数学家却不是无所事事,由这些符号他可以在不必管它们代表什么的情况下做很多运算.于是,他用符号 $cc'c''\cdots$ 代替点,把给定的流形转化成一个符号构造,我们称之为拓扑空间$\{S_0\}$,用 S_0 来标记是因为它只基于图式 S_0."

"显然,用同样的纯符号方法,我们不仅可以构造 1 维、2 维流形,而且也可以构造 3 维、4 维、5 维、…流形.n 维图式 S_0 由若干个 0,1,2,…,n-胞腔组成,对每个 i-胞腔 $c_i(i=1,2,\cdots,n)$伴随某些$(i-1)$-胞腔,它们被称为 c_i 的边界.""顺便说一下,我们是有意用这样的拓扑观点的,因为只有这样我们的框架才能宽到足以同时包括狭义相对论和广义相对论."

接着,他又说:"两组图式 S_0,$S_0{}'$,$S_0{}''$,…和 T_0,$T_0{}'$,$T_0{}''$,…是否描述同一流形的问题可以用纯数学的方法来确定:其充分必要条件是两个拓扑空间$\{S_0\}$和$\{T_0\}$可以用连续的一对一的变换从一个映射到另一个映射.这个条件归根结底可以简单地说成,两个图式 S_0 和 T_0 之间有一种所谓同构的关系.""同构的图形将对可观测的事件导出同样的结论,这是最一般形式的相对性原理."

"至此我们致力于刻画如何从给定的实际的原始材料提炼出数学构造来."

——构造的方法大体如此.

习 题

1. 为什么说方法具有层次性?

2. 编一道数学题：它适于用本书正文中所讲的反演法，并叙述其反演过程.

3. 找一个可以作为映射法的例子，并用映射的道理说明之.

4. 找一个射影几何中的定理，并对它使用对偶原理.

5. 为什么在欧几里得平面几何中，对偶原理难以建立，而在平面射影几何中才能建立？

6. 找一个用实验方法求解的题.

7. 试简述从实际的原始材料提炼出数学构造的基本思路.

四　演绎推理与合情推理

4.1　欧几里得《原本》的来龙去脉[1]

为了弄清楚欧几里得《原本》的历史背景，先来看看几位有关人物的大约生活年代：

毕达哥拉斯(公元前 580—前 500)

柏拉图(公元前 428—前 347)

狄埃泰图斯(公元前 414—前 369)

欧多克斯(公元前 395—前 340)

亚里士多德(公元前 384—前 322)

欧几里得(公元前 330—前 275)

阿基米德(公元前 287—前 212)

埃拉托色尼(公元前 274—前 194)

为醒目起见，显示于图 4-1 中.

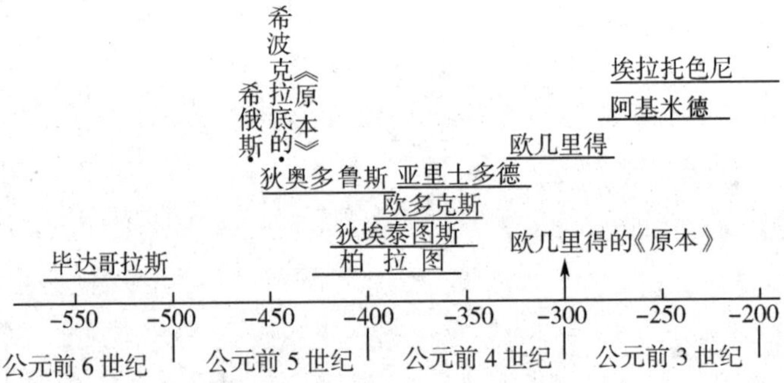

图 4-1

① 本节采用香港大学萧文强博士 1983 年在广州中山大学数学系讲《数学史选讲》的手稿.

现在关于欧几里得《原本》的资料的可靠性作一番探讨:总的来说,对古希腊数学的认识,由于所有数学文献的原著都没有保存下来,几乎全部来自第二手、第三手,甚至更后期的资料,那是由于:

(1)纸草卷在地中海的气候条件下难以保存太久;

(2)历史上曾有数次焚书之举,古希腊文献多次遭殃.

现在对古希腊数学的知识,主要资料来源是:

(1)帕普斯的《数学汇编》(写于公元3世纪);

(2)普罗克拉斯的《原本卷一评述》(写于公元5世纪).

这两部书的成书日期与事情真正发生的日子至少相隔五百年.所以很难弄清哪些是当时人做的,哪些是在那五百年间由后人加上去的.著名数学史家诺伊格包尔说过这样一番话:"我们利用零碎的证据精心地建立了一个栅栏,希望用它围住一头看来是实实在在的、活生生的野兽,但事实却可能与我们的幻想有很大差距.也许当我们试图重建昔日情景的时候,我们得到的顶多是一张能满足我们想象的图画,要求比这做得更好,是枉费心机的."

——这倒是对于我们所掌握的资料的可靠性的现实评价.

从历史上看,在亚历山大里亚学府成立之前,希腊处于动荡中.到了公元前300年左右,时势平静下来,人们便强烈地感到,有把以往几百年积累下来的知识进行系统整理的必要.欧几里得的《原本》就是在这个时候成书的.当然,在这之前也有过类似的著作.例如,公元前450年左右,希俄斯的希波克拉底也曾写过一部《原本》.但鉴于欧几里得写的原本是如此成功,它的光芒掩盖了前人的工作,使得后人只知有欧几里得《原本》,不知有其他了.

从以上分析,可以得出这样的结论:欧几里得《原本》,既包括公元前5世纪毕氏学派的成果,也包括自那以后一直到公元5世纪的许多其他数学家的成果,甚至可以说:《原本》这个公理方法的雏形是从公元前500年到公元后500年整整一千年中数学家们辛勤劳动的成果.

现在对欧几里得《原本》十三卷的内容作一番宏观的剖析和探讨,先列个统计表:

卷	内　　容	定理数目(%)	备注
1	点、线、三角形、平行四边形的平面几何	48(10.3)	早期毕氏学派的工作
2	矩形的平面几何	14(3.0)	
3	圆形的平面几何	37(7.9)	
4	正多边形的平面几何(可构作的)	16(3.4)	
5	比例理论	25(5.4)	欧多克斯的工作
6	相似多边形的平面几何	33(7.1)	早期毕氏学派的工作
7	(整)数论	39(8.4)	大部分是早期毕氏学派的工作
8	(整)数论	27(5.8)	
9	(整)数论	36(7.8)	
10	不可公度的构作与分类	115(24.7)	
11	立体几何(初等)	39(8.4)	欧多克斯狄埃泰图斯的工作
12	穷竭法	18(3.9)	
13	正多面体的构作	18(3.9)	

(%) 31.7 平面几何(5卷) 30.1 不可公度量(2卷) 22 数论(3卷) 16.2 立体几何(3卷)

经过这样一番考察,不免产生如下疑问:

(1) 卷10的篇幅如此之长,与其他卷很不相称.这是为什么?

(2) 它完全没有提到古代三大难题(即三等分任意角、倍立方和化圆为方),而这些问题在当时已经有不少数学家讨论过.

(3)它完全没有讨论圆锥曲线,而在当时已经有不少这方面的成果.

(4)卷5、卷7和卷10中有不少定理,以今天的眼光看,是完全重复的.这与《原本》力求简洁的作风不相称.

(5)比(ratio)和量(magnitude)这些字眼经常出现,却没有好好定义过.这与《原本》力求一丝不苟的作风不相称.

由此可见,欧几里得《原本》既不是当时的初等数学的课本,也不是当时的数学百科全书.那么,它究竟是什么性质的书呢?有人说:欧几里得《原本》是为答复芝诺提出的悖论而作的,这倒似乎可信.

无论如何,我们可以这么说:不朽名著欧几里得《原本》有其艰苦的诞生和发展过程,有其具体的、活生生的写作目的.说它是先验地储存于人的大脑中的体系,那只是神话.

4.2 公理方法的历史

公理方法的发展,大致可分成三个阶段:

1. 第一阶段:公理方法的产生

数学起源于生产实践.人们在解决大量生产实践中提出的问题的过程中,积累了大量的数学资料和数学知识.在大量的数学资料和经验面前,如何使其条理化、系统化,使经验上升为理论,这是摆在当时数学家面前的任务.希俄斯的希波克拉底(约公元前 440)的《原本》就是这个时候问世的.然后,亚里士多德(公元前 384—前 322)把其中的几何术语扬弃掉,保留下单纯的逻辑关系,建立了三段论,为形式逻辑奠定了基础.继而,欧几里得(约公元前 300)在希波克拉底的《原本》(及在这之前或之后的其他《原本》)的基础上,对命题作了巧妙的选择和合乎逻辑的排列,写出了自己的《原本》.

总的来说,从积累资料到希波克拉底,从亚里士多德到欧几里得,都属于公理方法的产生阶段.

2. 第二阶段:公理方法的完善

欧几里得《原本》问世以后,针对欧氏几何的不足之处,特别是围绕第五公设(即平行公理)的"自明性"问题,引起许多数学家的怀疑.因此,他们试图证明第五公设在公理中是多余的,但是都未成功.因为这些人的证明中都用另一个与第五公设等价的命题作为公理,再去证明第五公设.

第五公设的研究为非欧几何扫平了道路,非欧几何的创立又为公理方法的完善提供了启示.希尔伯特的《几何学基础》就是这时问世的,是它完善了数学中的公理方法,成了近代公理化思想的代表作.

3. 第三阶段:公理方法,一方面深入到数学的各个分支,另一方面向各门自然科学渗透

这一阶段数学各分支的基础问题和逻辑结构的研究,得到进一步的发展.其主要标志是:集合论的创立与发展,数理逻辑的创立与发展.公理方法对于代数、泛函、拓扑和概率论的发展都起到了重要作用.公理方法还推动了计算机科学和理论物理学的发展.

4.3 公理方法的作用

公理方法不仅对数学，而且对自然科学的发展起着重要作用.

1. 公理方法是总结和表述以往数学知识的科学方法

首先是有了数学资料和数学知识的大量积累，才有了对它们进行加工、整理和概括的必要. 用公理方法来总结和表述的数学理论，具有条理明晰、秩序井然、逻辑结构严密等特点.

概率论的一段历史最能说明这一点：19 世纪的概率论尚不能成为一个独立的数学分支，专门的概率论研究者几乎没有，只有物理学家玻尔兹曼研究布朗运动引人注目，吉布斯的统计力学为后人所称道. 当然，也有例外，那就是俄国契比雪夫和马尔柯夫在概率论研究中所做的杰出工作. 勒贝格在 20 世纪初创立的测度论和积分论给概率论的发展提供了新的手段. 20 年代已有许多将测度论应用到概率论的研究工作. 冯米赛斯于 1931 年提出样本空间的概念. 苏联的柯尔莫哥洛夫集前人之大成，提出了公理化的处理方法，这便是现代概率论的开始，从而使概率论逐步地具备了牢固的逻辑基础和数学基础.

2. 公理方法能促进和推动新的数学理论的创立

在这方面，最好的例子是几何学的解放和代数学的解放. 严格地说，非欧几何的创始人只不过打响了几何学解放第一炮，而推广"空间"的概念，并使欧氏空间成为其特例等一系列工作，都是依靠公理方法完成的. 同样地，哈密顿和伽罗瓦只不过打响了代数学解放的第一炮，在抽象代数中的全部开拓工作，也是靠公理方法实现的. 著名代数学家冯德・威尔登说得好："近世代数的扩大主要是由于公理方法，使用这个方法产生了一系列新的概念……而且得到了许多有深远意义的成果，特别是在域论、理想数论、群论和结合代数方面."

3. 公理方法不仅是研究数学的重要方法，而且是研究其他自然科学的重要方法

数学是表达自然科学的最好语言，而公理方法是这种语言的精粹. 正因为如此，数学具有巨大的渗透力.

公理方法在科学史上曾起过重要作用. 牛顿仿效欧几里得的方法，写出了《自然哲学的数学原理》(1686 年)这部经典力学的奠基著作. 18 世纪以来，许多自然科学家用公理方法总结和概括了自己的研究成果，写出了许多奠基性的论著，如拉格朗日的《解析力学》，克劳修斯的《热的机械运动理论》等等.

公理方法对现代自然科学也屡建功勋.请允许我以希尔伯特对现代引力论的贡献为例：

希尔伯特对物理学的兴趣由来已久，开始主要受其挚友、数学家闵可夫斯基(1864—1909)的影响.闵可夫斯基去世后，从1910至1918年，希尔伯特一直在哥廷根讲授物理学.1912年以后，他加紧了自己对物理学的研究.还专门配备了一位物理学助手.1914年，当第一次世界大战烽火连天时，希尔伯特仍指导青年物理学家德拜在哥廷根主持了著名的"物理结构讨论班".这一年年底，希尔伯特被爱因斯坦关于广义相对论的计划所吸引，在他邀请下，爱因斯坦访问了哥廷根并介绍了自己关于相对论的思想.事后爱因斯坦在致物理学家索末菲(1868—1951)的信中兴奋地说："我极高兴地看到，在哥廷根，人们对于相对论的全部内容乃至最小细节都很了解.与希尔伯特结识使我深感荣幸.他是一位重要人物!"除了引力论，希尔伯特同时对另一位物理学家G·米(Mie)的工作给予了关注.G·米发展了麦克斯韦-劳伦兹的电磁学说，首先试图建立完备的物质理论，特别是希望解释不可分电子的存在性并将引力现象与物质的存在联系起来，不过他对引力的认识仍然是停留在传统理论上.

希尔伯特在会见爱因斯坦以后的几个月里，以全部精力紧张地投入了引力与电磁论的研究.他以特有的敏锐，抓住了爱因斯坦与G·米的工作中最深刻、最富魅力的部分，即前者建立相对性引力理论的设想和后者综合电磁与引力现象的纯粹场论的计划，并看到了将二者联系起来建立统一的物质场论的希望.在这方面，希尔伯特充分发挥了数学家的优势.他运用变分法、不变式论等强有力的数学工具，按公理方法进行研究，爱因斯坦必须求助于数学家的一些理论，对希尔伯特却完全是驾轻就熟.所以，希尔伯特的研究工作进展迅速，从1914年底开始研究广义相对论，不到一年就取得了决定性的成果，并先于爱因斯坦五天公布了自己的研究报告，即1915年11月20日向哥廷根科学会递交的关于物理学基础的第一份报告.(两位伟大的学者之间并没有发生关于优先权的争论，反而进行了一系列友好的往来和通信.希尔伯特把建立广义相对论的全部荣誉归于爱因斯坦,并且在1915年颁发第三次鲍耶奖时主动推荐了爱因斯坦,说:“因为他的一切成就中所体现的高度的数学精神.”)希尔伯特在他的报告中概述了这项工作.他写道:“遵循公理化方法,事实上从两条简单的公理出发,我要提出一组新的物理学基本方程,这组方程具有漂亮的理想形式,并且我相信它们同时包含了爱因斯坦与G·所提问题的解答.”

4.4 对公理系统的要求

所谓数学系统的公理化方法,就是选取少数不加定义的原始概念(基本概念)和无条件承认的相互制约的规定(公理)作为出发点,再以严格的逻辑推演,使某一数学分支成为演绎系统的方法.

从逻辑的角度来看,不能认为一些概念和公理的任意罗列都能构成合理的公理系统,须知一个有意义的公理系统应当是一个相容的有机整体.一般说来,要求所给公理系统能满足如下条件:

(1)相容性,也称为无矛盾性.换句话说,公理的选取不允许出现这种情况:既能证明定理甲成立,又能证明定理甲的反面成立.

(2)独立性,即在所选的公理表中,允许有一条公理能用其他公理把它推出来.

(3)完备性,即要求确保从公理系统能推出所研究的数学分支的全部命题,也就是说必要的公理不能少.

需要注意的是,在我们鉴别某个公理系统是否符合上述要求时,千万不要受该系统的题材(或内容)的影响.事实上,欧几里得《原本》上的某些缺点之所以长时间未被察觉,就是因为我们对其题材(或内容)太熟悉了,总是认为理所当然而不用去推敲了.为了避免这个缺陷,不如把该论述的原始的、未定义的术语用像x,y,z之类的符号代替.这时该论述的公设成为关于这些符号的陈述,从而失去了具体意思,这样可不受直观因素的干扰,而依据严格的逻辑基础去获得结果.公理学的研究,就是考虑这样的公设集合的性质.

现在来讲这三项要求的具体涵义及到现在为止已达到的程度.

1. 相容性

为证明一个公设集合的相容性而发明的最成功的方法是模型法.

如果我们能对集合的原始术语规定意义，将这些公设变成关于规定的概念的真实陈述，就得到一个公设集合的模型．有两种类型的模型——具体的模型和理想的模型．如果原始术语规定的意义是从现实世界抽取的对象和关系，那么这个模型被称作具体的模型，如果原始术语规定的意义是从别的公理推演所抽取的对象和关系，则其模型被称作理想的模型．

当一个具体的模型已被展现时，我们感到，我们已经证明了公设体系的绝对相容性．因为，如果在我们的公设中隐含着矛盾的定理，则对应的矛盾的命题会在我们的具体模型中保持下来，但是，在我们所相信的现实世界中出现矛盾是不可能的．

为一个给定的公设集合找一个具体的模型并非总是可能的．这时，我们就谋求安排一个理想的模型．比方说，我们以某一公设系 B 的概念规定公设系 A 的原始术语，也就是说，公设系 A 是公设系 B 的逻辑推论．但是，这么一来，对公设集合 A 的相容性检验就称不上是绝对的检验，而只是相对的检验了．我们所能说的只是：如果公设集合 B 是相容的，则公设集合 A 是相容的．于是，我们就把体系 A 的相容性归结为体系 B 的相容性．

模型法成功地表明了这样一个有趣的事实：欧几里得几何与罗巴切夫斯基几何互为相对相容的；亦即，借助于欧几里得几何的相容性可以保证罗巴切夫斯基几何的相容性，反过来，借助于罗巴切夫斯基几何的相容性又可确保欧几里得几何的相容性．

另一方面，罗巴切夫斯基几何的相容性由欧几里得几何的相容性来保证，而欧几里得几何的相容性则由实数系统的相容性来保证．剩下的问题是探讨实数系统的相容性．总之，由相容性问题引出了讨论相容性问题的方法．

用模型法证明相容性是间接法，已如上述．要证明绝对相容性需要直接法，关于这一点，希尔伯特仅获得部分的成功．

2. 独立性

如果在某个公设集合里，没有一个公设隐含于该公设集合的其他公设中，则这个公设集合称作独立的．为了证明该公设集中任何一个特设的公设是独立的，人们要为原始术语设计一种解释：它证明所考虑的公设是假的，又证明其余的公设的每一个是成立的. 如果我们在寻找这样一种解释方面获得成功，则所考虑的公设不会是别的公设的逻辑推论. 因为，如果它是别的公设的逻辑推论，那么将别的所有公设转化为真实命题的解释也必然把它转化为真实命题. 顺着这条路子对一个完整的公设集合作检验，显然是件麻烦事. 因为，如果在该集合中有 n 条公设，那么就必须分别做 n 次检验.

应该指出：尽管证明独立性的程序相当麻烦，但它还是比相容性的问题好解决.

3. 完备性

在讲完备性概念之前，先介绍一下公理系统的不同模型之间的同构概念.

假设 AX 表示若干条公理所组成的一个公理系统，而 AX 在两个不同的对象系统 Σ^A 和 Σ^B 上分别构造了两个模型 M_A 和 M_B，如果 M_A 和 M_B 的对象之间能够建立这样的一一对应，使得对应元素之间有完全相同的相互关系，那么就说 M_A 和 M_B 这两个模型是同构的.

然后定义公理系统的完备性. 如果一个公理系统的任何两个模型都是同构的，则该公理系统是一个完备的公理系统.

4.5 现代逻辑的三大成果[①]

这里指的是哥德尔不完全性定理、塔斯基的形式语言的真理论和图灵机.

1. 哥德尔不完全性定理

请允许我从希尔伯特规划讲起. 希尔伯特构想出了解决相容性问题的一条新的直接的途径. 正像人们可以用博弈规则证明某些情况不会出现于博弈中一样，希尔伯特希望以适当的程序规则集合(要求得到可以接受的只用基本符号的公式)来证明矛盾的公式永远不可能出现在数学中.

用逻辑的符号，矛盾的公式可以表达为

$$F \wedge F'$$

① 本节采用了朱水林著的《形式化：现代逻辑的发展》一书中的材料.

(在这里,F 是此体系中某合式公式).如果一个人能证明,在某体系中,推不出一个矛盾的公式,则他就证明了该体系的相容性.

事实上,希尔伯特规划,至少在希尔伯特原来想象的形式上,看来注定是要失败的.这条注定要失败的真理是哥德尔(1906—1978)于1931年指出的,而且在希尔伯特的《数学基础》发表之前.哥德尔用数学哲学三个学派中任何一个后继者都可接受的无懈可击的方法证明了希尔伯特体系的不完全性,即在这样的体系内存在"不可判定的"问题(体系的相容性就是其一).

再来看看哥德尔构思其不完全性定理的过程.

20世纪20年代末,哥德尔读了希尔伯特和阿克曼合著的第一版《理论逻辑基础》(1928年)一书.该书精确地叙述了狭义谓词演算的完备性概念,并明确地把它作为一个尚未解决的问题提出.希尔伯特和阿克曼写道:"这个公理系统是否完备?这里完备的意思至少要求在每个个体域中都为真的所有逻辑公式都能从这个公理系统推导出来.这个完备性问题仍然悬而未决."哥德尔花了巨大的精力钻研了这个问题,并对此进行了"纯思想"的活动,取得了重要进展.1929年他完成了博士论文,后来其修改稿以《关于逻辑函数运算的完备性》的题目发表在《月刊》上.1930年夏天,哥德尔已经开始研究分析的(即实数的)无矛盾性的证明问题.他感到希尔伯特想用有限方法直接证明分析的无矛盾性不可思议.他认为,应该把困难加以分割,使得分割开的每一部分都较容易克服.也就是说,用有限方法去证明数论的无矛盾性,然后用数论的无矛盾性去证明分析的无矛盾性.就在他这样做的过程中,得出了如下结论:在如同数学原理(类型论)和集合论(策墨罗-弗兰克尔)那样的、适当丰富的形式系统中,存在着不可判定的命题.

哥德尔的不完全性定理写在他1931年发表的题为《论数学原理和有关系统的形式不可判定命题》中.不完全性定理说,在包含初等数论的一致的形式系统中,存在着一个不可判定命题,该命题本身和它的否定命题都不是这个系统的定理.有时还可补上一句话:不可判定命题是真的.简言之,任何包含数论的一致的形式系统都是不完全的.这个表述通常称为哥德尔第一定理.该定理有一推论说:一个包含数论的形式系统的一致性，在系统内是不可证明的. 这个表述通常称为哥德尔第二定理. 有时也称为哥德尔定理.

在哥德尔的不完全性定理中，提到了两个基本概念：一致性和完全性. 现作说明如下：形式系统的一致性，也叫无矛盾性，指的是在该系统中不存在任何合式公式 A，使得 A 和 $\neg A$ 都是系统中的定理. 完全性指的是：对于系统中任意一个不含自由变元的合式公式 A（即命题 A），或者 A 是系统中的定理，或者 $\neg A$ 是系统中的定理.

在其证明不完全性定理的过程中，抓住了三个重要环节，即可表达性、递归性和哥德尔数.

(1)可表达性

可表达性概念涉及形式系统和它的解释，以及模型之间的关系. 大家都知道：用普通语言陈述的自然数的算术 N，实际上是形式算术系统 $\mathscr{N}$ 的模型. 过去我们所考虑的问题是：在形式系统 $\mathscr{N}$ 中的定理，在解释 N 中是否为真命题. 现在要考察的问题是相反的问题：在解释 N 中的真命题时，在形式系统 $\mathscr{N}$ 中能否找到与它相应的可证合式公式（定理）？可表达性概念就是从这里引出的.

模型 N 的论域是自然数集 D_N，我们就从模型 N 出发进行研究. 由此引出一个待证而很有意义的问题，即：证明定义在 D_N 上的函数（关系）在 $\mathscr{N}$ 中的可表达性. 从而又引出了可表达性的特征的问题. 答案是这样的：一个定义在 D_N 上的函数（关系）是可表达的，当且仅当它是递归的.

(2)递归函数

递归函数就是能行的可计算函数，即当自变元的值给出后，总可以有一机械的方法，在有限步骤内求出相应的函数值. 古典的递归函数是定义在自然数上的一类函数. 由于对这种函数的未知值的计算往往要回归到已知值而求出，故以递归命名.

先定义某些比较容易定义的递归函数，再介绍三条规则. 从这些容易定义的递归函数出发，通过应用三条规则，就可以得到所有递归函数. 由此得知：和函数、积函数、平方函数等都是递归的；一切常函数也是递归的. 通过特征函数可以把递归性概念扩充到关系.

在此基础上，我们可以定义递归集. 如果 A 是 D_N 的子集，当集合

A 的特征函数递归时，我们就说 A 是递归的. 而一个集合 A 的特征函数，恰好是"$\in$ 关系"的特征函数. 这样，我们就可以看到：几个基本的集合是递归的；并且得知：并非所有的集合都是递归的. 更重要的是，得到这样一个命题：利用递归函数类是可数的性质，可以直接构造一个非递归函数.

(3)哥德尔数

哥德尔所创造的这一技巧就是：对形式系统中的符号、项、公式以及证明等都给以自然数编码.

哥德尔对一阶系统 $\mathscr{N}$ 做了这样的工作. 对于 $\mathscr{N}$ 中的每个符号、项和合式公式(符号串)、合式公式串(证明)，都可指派一个自然数，现在称为哥德尔码数或哥德尔数. 指派数的方法可以是不同的，下面给出一种指派方法.

我们用 $g(\rightarrow)=11$ 表示给"$\rightarrow$"指派的哥德尔数是 11. 这样，就有：

$$g(()=3$$

$$g())=5$$

$$g(,)=7$$

$$g(\neg)=9$$

$$g(\rightarrow)=11$$

$$g(\forall)=13$$

$$g(x_k)=7+8k \quad (k=1,2,\cdots)$$

$$g(a_k)=9+8k \quad (k=1,2,\cdots)$$

$$g(f_k^n)=11+8\times(2^n\times3^k) \quad (n=1,2,\cdots;k=1,2,\cdots)$$

$$g(A_k^n)=13+8\times(2^n\times3^k) \quad (n=1,2,\cdots;k=1,2,\cdots)$$

注意：不同的符号被指派不同的奇正整数，而且只要任意给出的奇正整数是对应于某些符号的，我们总能够很容易地写出这些符号. 看两个例子：

(i) 已知某符号的哥德尔数是 587，求该符号.

如果 587 对应于某个符号，那么必定是 x_k，a_k，f_k^n 或 A_k^n 中之一，所以我们首先用 8 去除它，有

$$587=8\times73+3$$

$$=8\times 72+11$$

$$=11+8\times(2^3\times 3^2)$$

所以,与 587 相应的符号是 f_2^3.

(ii) 已知某符号的哥德尔数为 331,求该符号.

$$331=8\times 41+3$$

$$=8\times 40+11$$

$$=11+8\times(2^3\times 5)$$

$2^3\times 5$ 并非 $2^n\times 3^k$ 的形式,所以,331 没有相应的符号.

我们还可以进一步对形式语言 L 中的符号串(项或公式)指派码数.

哥德尔编码实际上相当于给出了一个函数 g,它的定义域是 L 中的符号、符号串、符号串的有限序列,值域是自然数集 D_N. 这个函数是一一对应的,但非映上的. g 的值是哥德尔数. 按这种定义,也有一种能行的程序,对 g 的值域中的数,去计算 g^{-1}的值. 由于项和符号公式是符号串,证明和演绎是符号串的有限序列,所以它们都有哥德尔数. 这样,哥德尔就能把关于形式系统内对象的断定(命题),转换为关于自然数的断定.

通过哥德尔编码,能够把关于形式系统 $\mathscr{N}$ 中的陈述转变为自然数算术解释 N 中的陈述,即把关于符号、符号串、符号串的有限序列的陈述转变为关于自然数的陈述. 再通过递归和可表达性,将关于自然数的陈述再转到形式系统 $\mathscr{N}$ 中去加以陈述. 实施了这两个步骤,形式系统 $\mathscr{N}$ 成了它自身的元系统. 也就是说,$\mathscr{N}$ 既作为对象语言被研究,也作为元语言而成了研究工具,一身兼了两任. 这看上去似乎会导致矛盾,其实不会的. 因为只有递归性的关于自然数的陈述才能在 $\mathscr{N}$ 中得到表示,而关于自然数的陈述并非都是递归的,因此只有部分陈述才能在 $\mathscr{N}$ 中得到表示. 因此,使用 $\mathscr{N}$ 作为自身的元系统只是部分的,矛盾不会出现.

对形式系统的可表达性和递归关系作了一番剖析,又有了哥德尔编码这个有力的工具,现在可以证明不完全性定理了.

第一步,我们定义一个二元关系 $\mathscr{W}(m,n)$,当且仅当 m 是某一合式公式 $\mathscr{A}(x)$(其中 x 自由出现)的哥德尔数,n 是 $\mathscr{A}(0^{(m)})$在 $\mathscr{N}$ 中的一

个证明的哥德尔数时，二元关系 $\mathscr{W}(m,n)$ 成立. 要注意与 m 相应的合式公式 $\mathscr{A}(x)$ 中的 x 是变元，是不确定的，而和 n 相应的公式 $\mathscr{A}(0^{(m)})$ 中的 $0^{(m)}$ 却是一个确定的常元，它的 N 中的解释是自然数 m. 也就是说，如果有一合式公式 $\mathscr{A}(x)$ 的哥德尔数是 m，并且当用 $0^{(m)}$ 代替 x 后得到一个 $\mathscr{A}(0^{(m)})$，而它证明的哥德尔数是 n，那么我们就称关系 $\mathscr{W}(m,n)$ 成立，否则就不成立.

第二步，哥德尔证明了 $\mathscr{W}(m,n)$ 是一原始递归关系，并且还证明了原始递归关系是可表达的. 因此，$\mathscr{W}(m,n)$ 在 $\mathscr{N}$ 中是可表达的. 从而，使我们有可能进一步构造公式：

$$(\forall x_2)\neg\mathscr{W}(x_1,x_2)$$

并且可以令 p 是它们的哥德尔数，用 $0^{(p)}$ 代替 x_1 后得到公式：

$$(\forall x_2)\neg\mathscr{W}(0^{(p)},x_2)$$

我们把它记作 U.

注意：在这里，U 可以解释为："对于每个 $n\in N$，$\mathscr{W}(p,n)$ 并不满足."即，"对于每个 $n\in N$，p 是某个合式公式 $\mathscr{A}(x_1)$（x_1 自由出现）的哥德尔数，且 n 是用 $0^{(p)}$ 代替 x_1 后的 $\mathscr{A}(0^{(p)})$ 在 N 中的一个证明的哥德尔数，这种情况是不可能出现的."

因而 U 的解释就成为："对于每个 $n\in N$，N 不是合式公式 U 在 $\mathscr{N}$ 中的一个证明的哥德尔数."也就是说，合式公式 U 可以看作在这种意义下所作的对自己的不可证性的假定.

然后，哥德尔为了作出其证明，用到了一个更强的要求，即假设 $\mathscr{N}$ 是 ω 一致的. 所谓 $\mathscr{N}$ 是 ω 一致的是指：不存在这样的合式公式 $\mathscr{A}(x_1)$（x_1 自由出现），使得对每个 $n\in N$，$\mathscr{A}(0^{(m)})$ 是定理，并且 $\neg(\forall x_1)\mathscr{A}(x_1)$ 也是定理.

第三步，往证定理：

定理说："在 $\mathscr{N}$ 是 ω 一致的假设下，合式公式 $\mathscr{U}$ 不是 $\mathscr{N}$ 的一条定理，它的否定 $\neg\mathscr{U}$ 也不是定理."在这里，哥德尔用的是反证法.

应该指出，他所引进的新方法和他作出的新结果是同样重要的. 把元数学概念在 N 加以表达的这种算术化，后来也成了逻辑学家普遍使用的工具.

2. 塔斯基的形式语言的真理论

20 世纪 30 年代，塔斯基（1901—1983）发表了重要论文《形式语言的真概念》.该文叙述并且证明了一个重要结果：在一个语言系统的内部是不能定义该语言的真句子等语义学概念的.对象语言的语义学概念必须在对象语言之外的元语言中予以表述、加以定义，而元语言的语义学概念又必须在元语言之外的元元语言中予以表述、加以定义.这样就能避免悖论，建立起形式上正确的、实质上充分的关于真句子等语义学概念及其定义.

由于种种理由使塔斯基确信，在自然语言中，不可能无矛盾地给出真句子的定义.这样，塔斯基就把注意力转向形式语言.然而，塔斯基认为，对种类万千的形式语言进行一般的探讨，十分麻烦.为此，他先以类演算作为一个实例来陈述、展开他的理论.有趣的是，塔斯基在构造类演算语言中真句子的定义时，引入了与哥德尔编码很相似的一些想法和做法.

塔斯基的成果是重要的，在他证明了人们可能把真理这个概念，不引起矛盾地引入一个演绎理论时，严格意义之下的逻辑语义学才真正开始了.塔斯基通过对具有严格结构的形式语言的研究，来逐步逼近普通语言，这种思想也是可贵的.

3. 图灵机

1936 年图灵设计的理想计算机是现代计算机的原型.我们不要根据字面把图灵机误解为一种正在工作着的计算机.它实际上是用数学方法加以精确定义的，并且能反映计算程序的抽象系统.

图灵设想他的机器的目标是把计算约化为自己的最为基本的属性，以便用一种简单的方法去描述某些显然是能行的基本程序，使得任何能行的程序都约化成它们.

图灵机看上去并不复杂，然而它的能力却非常之大，因为凡是能够计算的函数，都可以用图灵机进行计算.

由于有了图灵机，在这里又引出了“能行”、“递归”的概念和判定问题，并得出“$\mathcal{N}$是递归不可判定的”结论.

形式系统存在的局限性，是用形式化的手段揭示出来的.其局限性似乎意味着：实现了完全形式化的算术系统 $\mathcal{N}$，企求它能提供一个能完全判定算术中命题的真、假的方法，还是无望的.

总之，从传统逻辑发展到现代逻辑，与从古典数学发展到现代数学相类似，形式化是主线之一. 对数学而言，形式化有时也可以说是一种方法；尤其是逻辑学，应该说形式化既是一种发展自身的方法，同时形式化本身又是逻辑发展的内容. 形式化的长处就在于它能克服普通语言带来的歧义和误解，妙就妙在“纯净”. 有人说数学具有纯粹的美(dry beauty)，也许就是这个意思.

4.6 一个有趣的例子

为了介绍合情推理的思想，我们来看看欧拉提供的一个例子.

$\sigma(n)$表示数 n 的因子和. 例如

$$\sigma(12)=1+2+3+4+6+12=28$$

同样有

$$\sigma(60)=168, \sigma(100)=217$$

但是，1 只能被本身除尽，故 $\sigma(1)=1$，又因 0 能被所有的数除尽，故 $\sigma(0)$理应为∞.（但是，我们为了方便，可以依不同情况给 $\sigma(0)$ 指定不同的有限数.）关于 $\sigma(n)$ 的一个规律，欧拉说：可以肯定它是真理，但给不出完善的证明.

为了探求关于 $\sigma(n)$ 的规律，让我们先把从$\sigma(1)$到$\sigma(99)$的数字列于下表中（把素数的因子和用黑体字标出）：

n	0	1	2	3	4	5	6	7	8	9
0	—	**1**	**3**	**4**	7	**6**	12	**8**	15	13
10	18	**12**	28	**14**	24	24	31	**18**	39	**20**
20	42	32	36	**24**	60	31	42	40	56	**30**
30	72	**32**	63	48	54	48	91	**38**	60	56
40	90	**42**	96	**44**	84	78	72	**48**	124	57
50	93	72	98	**54**	120	72	120	80	90	**60**
60	168	**62**	96	104	127	84	144	**68**	126	96
70	144	**72**	195	**74**	114	124	140	96	168	**80**
80	186	121	126	**84**	224	108	132	120	180	**90**
90	234	112	168	128	144	120	252	**98**	171	156

欧拉然后给出递推关系式：

$$\sigma(n)=\sigma(n-1)+\sigma(n-2)-\sigma(n-5)-\sigma(n-7)+$$

$$\sigma(n-12)+\sigma(n-15)-\sigma(n-22)-\sigma(n-26)+$$

$\sigma(n-35)+\sigma(n-40)-\sigma(n-51)-\sigma(n-57)+$

$\sigma(n-70)+\sigma(n-77)-\sigma(n-92)-\sigma(n-100)$

对这个公式需要说明以下几点：

(1) 每两个加号之后有两个减号.

(2) 要从 n 中减去的 1,2,5,7,12,15,…诸数，若取其差，则易见其规律：

数 1,2,5,7,12,15,22,26,35,40,51,57,70,77,92,100,…

差 1,3,2,5,3,7,4,9,5,11,6,13,7,15,8,…

事实上，在这个差的数列里根据交替出现的全部整数 1,2,3,4,5,6,…与奇数 3,5,7,9,11,…，可把这个序列往下写得任意长.

(3) 这个序列虽然无穷，但每次只取到 $\sigma(\ )$ 中的数大于零为止，不取 $\sigma(\ )$ 中的数为负数.

(4) 若公式中出现 $\sigma(0)$，则以 n 代替 $\sigma(0)$.

欧拉还利用他以前的研究成果加以说明此规律. 1741 年，他得出：

$$\begin{aligned}\prod_{n=1}^{\infty}(1-x^n) &= (1-x)(1-x^2)(1-x^3)\cdots \\ &= 1-x-x^2+x^5+x^7-x^{12}-x^{15}+ \\ &\quad x^{22}+x^{26}-x^{35}-x^{40}+x^{51}+\cdots\end{aligned}$$

对于没有受过训练的人来说，这是毫无规律的. 但是，欧拉发现这交替地形成两个数列：

$$1,5,12,22,35,51,\cdots \tag{1}$$

和

$$2,7,15,26,40,57,\cdots \tag{2}$$

数列(1)是五边形数，其通项公式为 $\frac{n(3n-1)}{2}$；数列(2)是在数列(1)上加上 1,2,3,4,….

这个规律可以用多种方式说明，然而却不能给出严谨的证明.

4.7 合情推理

合情推理的思想创始于欧拉，但是，开拓、发展并使之臻于完善的是 G·波利亚.

G·波利亚(Pólya,1887—1985)1887 年 12 月 13 日诞生于匈牙

利的布达佩斯.他的父亲雅可布·波利亚，是一位律师，有令人仰慕的社会地位，比他年长15岁的大哥欧杰恩是当地很有声望的外科医生.望子成龙、光宗耀祖对任何民族的任何人几乎都有同样的诱惑力.波利亚的慈母也不例外.在波利亚的早年，她一直敦促儿子学习法律，继承父业.或许为了不让母亲太伤心，1905年他违心地进入布达佩斯大学攻读法律.一个学期后，他放弃了法律转向语言和文学，然后，又转向数学.他是当代的数学大师，在概率论、实变函数、复变函数、组合论、数论、几何等数学分支中都作出了开创性的贡献.他既是一位卓越的数学家，又是著名的数学教育家；他在怎样解题和合情推理两个方面的奠基性工作赢得了广大数学教师的尊敬和爱戴，“按波利亚的风格”、“波利亚的方法”已经成为数学教师的口头语.

关于合情推理，波利亚在《数学与猜想》一书的序言中作了简明的论述.他说：“数学的创造过程与任何其他知识的创造过程是一样的.在证明一个定理之前，你先得猜测这个定理的内容，在你完全作出详细的证明之前，你先得推测证明的思路.你要先把观察到的结果加以综合然后加以类比.你得一次又一次地尝试.数学家的创造性成果是论证推理，即证明；但是这个证明是通过合情推理，通过猜想而发现的.只要数学的学习过程稍能反映出数学的发明过程，那么就应该让猜测、合情推理占有适当的位置.”

波利亚为我们“复元”了欧拉构思关于多面体的面、顶点和棱的数目的公式（$F+V=E+2$）的全过程.他估计欧拉可能是这么猜出来的：

先提出一个明解的问题：假定把多面体的面、顶点和棱的数目分别记为F、V和E；面的数目F是否随顶点数目V的增大而增大？这样，我们就必须花点工夫，把各式各样立方体图形画得足够清楚，以便数出它们的面、顶点和棱的数目，并用如下表格列出.

	多面体	面(F)	顶点(V)	棱(E)
Ⅰ	立方体	6	8	12
Ⅱ	三棱柱	5	6	9
Ⅲ	五棱柱	7	10	15
Ⅳ	方棱锥	5	5	8
Ⅴ	三棱锥	4	4	6

（续表）

	多面体	面(F)	顶点(V)	棱(E)
Ⅵ	五棱锥	6	6	10
Ⅶ	八面体	8	6	12
Ⅷ	“塔顶”体	9	9	16
Ⅸ	截角立方体	7	10	15

从表中的Ⅰ和Ⅶ可以看出，答案是“否”.

然后，我们再来探讨另外的问题：E 是否随 F 或 V 的增大而增大？为了系统地回答此问题，我们按 E 的增大次序重新编排上表如下：

多面体	面(F)	顶点(V)	棱(E)
三棱锥	4	4	6
方棱锥	5	5	8
三棱柱	5	6	9
五棱锥	6	6	10
立方体	6	8	12
八面体	8	6	12
五棱柱	7	10	15
截角立方体	7	10	15
“塔顶”体	9	9	16

观察重新排列的数据，我们发现：不存在所猜想的这类规律性．但是，我们看出：F 和 V 是“联合”增大的，即 $F+V$ 是不断增大的．继而，发现一个更准确的规律：

$$F+V=E+2$$

不过，并不能到此为止，还应该考虑有 n 个侧面的棱柱和有 n 个侧面的棱锥，从而猜测有无限个侧面的棱柱和无限个侧面的棱锥的情况：

多面体	面(F)	顶点(V)	棱(E)
有 n 个侧面的棱柱	$n+2$	$2n$	$3n$
有 n 个侧面的棱锥	$n+1$	$n+1$	$2n$

这样就完了吗？就能宣告胜利了吗？不！我们还应该考察一些很不同于那些前面已研究过的多面体，比如，镶嵌画的框架状的多面体．这时，我们才明白：以前所考虑的一直是凸多面体，而没有考虑过

如图 4-2 所示的“轮胎状”镶嵌画用的框架状多面体.

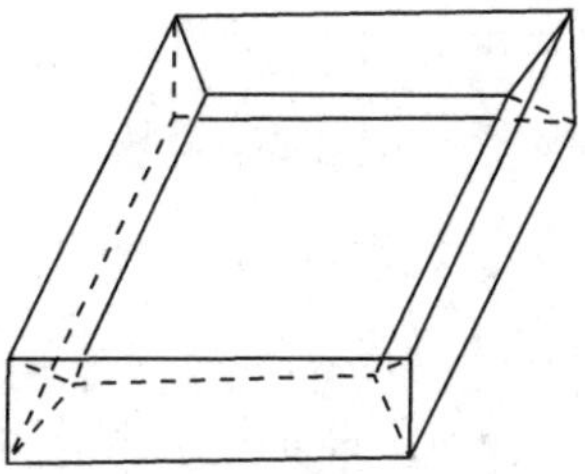

图 4-2 一个轮胎状的多面体

最后，我们才做出一定程度的精度表述. 我们猜想，任何凸多面体的面、顶点和棱的数目满足关系式

$$F+V=E+2$$

必须强调指出，“猜想”是合情推理的结果，而严谨的证明则完全是另一回事.

波利亚的三部著作《怎样解题》、《数学的发现》、《数学与猜想》，有一个自始至终一贯的思想——解题的思想. 他竭力谋求把自己的解题思路传授给学生. 他和G·舍贵合著的《数学分析中的问题和定理》也体现了这种思想. 波利亚自己说得好：“这些书的新颖之处在于：把问题集中起来，不是按内容而是按解题方法进行分类.”——应该说，合情推理的思想来自解题的思想.

现在讨论合情推理的逻辑. 既然合情推理应用的范围如此之广，是否可以建立合情推理的逻辑以指导人们进行这类推理？——波利亚提出了这个问题并试图解决它.

波利亚在对充分条件假定推理和不相容选言推理作了一番认真的研究以后，利用三段论法的形式建立了一系列的合情推理模式.

(1) A 蕴含 B

B 真

所以，A 比较可靠

(2) B 蕴含 A

B 假

所以，A 较不可靠

(3) A 与 B 不相容

A 假(或 B 假)

所以，B(或 A)可能可靠

上述模式都是最基本的，对于更复杂的思维形态，波利亚也导出了相应的模式.波利亚在这一领域的研究中所使用的方法是对比研究法，利用这种方法，他导出了合情推理的一些性质.

论证推理或演绎推理的最主要的特征是：它是一种必然性推理.演绎推理有严格的逻辑标准.在推理形式合乎逻辑的条件下，推理的结论直接取决于前提.换句话说，前提蕴含着结论.由此可知，演绎推理的结论具有不以时间、地点、个人的知识背景为转移的性质.也就是说，它的结论是绝对可靠的、不容置疑的和永恒的.就它的结论取决于前提而言，演绎推理并不产生本质上的新知识.波利亚认为，大体上可用必然性、自身独立性和与个人无关性作为演绎推理的特征.

合情推理往往是从经验事实中找出普遍特征，或从类比中启发出新知识的认识方法.它是从特殊到一般、或从个别到普遍、或从普遍到普遍的一种推理方法.显然，合情推理的前提和结论之间并不具有必然性关系.从而可知，合情推理的结论并非绝对正确.此外，在进行合情推理的过程中，推理者本人往往将个人的知识、经验、情绪、爱好等主观因素融于其中，因此它的结论不可避免地与推理者本人的文化、心理等知识背景有关.一般说来，可以用概然性、非自身独立性和个人相关性三个特征来刻画合情推理.

总的说来，波利亚的研究结果指出，论证推理是可靠的、无可置疑的和终决的；而合情推理是冒风险的、有争议的和暂时的，它的结论在今天看来似乎是正确的，明天就可能被另一个论证的结果所动摇，也可能会被以后某天的严格数学论证所推翻.论证推理有被逻辑制定和阐明的严格标准，而合情推理的标准是不固定的，并且这种推理在清晰程度上也不能与论证推理相比或得到类似的公认.论证推理的前提蕴含着结论，它不可能产生关于我们周围世界本质上的新知识，而我们所发现、所学到的任何新东西都包含有合情推理.

合情推理在自然科学、社会和日常生活中的应用是习以为常的事，但它在数学科学中的作用往往被忽视了，这对数学本身的发展不仅不利，而且是极其危险的.敦请人们注意这一点，这就是波利亚在合情推理方面的工作的主要目的之一.

习 题

给出一个抽象的数学体系：

考虑不定义的元素（以小写字母表示这些元素）集 K，并且，令 R 表示在 K 的给定的一对元素之间可能保持也可能不保持的不定义的双积关系. 如果 K 的元素 a 与 K 的元素 b 以 R 关系相联系，记为 $R(a,b)$. 然后，假定下列四个涉及 K 的元素的双积关系 R 的公设：

$\mathbf{P}_1$　如果 a 和 b 是 K 的两个不同的元素，则我们有：或 $R(a,b)$，或 $R(b,a)$.

$\mathbf{P}_2$　如果 a 和 b 是 K 的任何两个元素，使得我们有 $R(a,b)$，则 a 和 b 是不同的元素.

$\mathbf{P}_3$　如果 a,b,c 是 K 的任意三个元素，使得我们有 $R(a,b)$ 和 $R(b,c)$，则有 $R(a,c)$（换句话说，R 关系是可传递的）.

$\mathbf{P}_4$　K 包括四个不同的元素.

从上面四条公设推演下列七条定理：

$\mathbf{T}_1$　如果有 $R(a,b)$，则不会有 $R(b,a)$（换句话说，R 关系是非对称的）.

$\mathbf{T}_2$　如果有 $R(a,b)$，并且如果 c 在 K 中，则有：或 $R(a,c)$，或 $R(c,b)$.

$\mathbf{T}_3$　至少存在 K 中的一个元素，与 K 的任何元素无 R 关系.（存在定理）

$\mathbf{T}_4$　至多存在 K 中的一个元素，与 K 的任何元素无 R 关系.（唯一性定理）

定义 1　如果有 $R(b,a)$，则有 $D(a,b)$.

$\mathbf{T}_5$　如果有 $D(a,b)$ 和 $D(b,c)$，则有 $D(a,c)$.

定义 2　如果有 $R(a,b)$，并且不存在一个元素 c 使得还有 $R(a,c)$ 和 $R(c,b)$，则有 $F(a,b)$.

$\mathbf{T}_6$ 如果有 $F(a,c)$ 和 $F(b,c)$，则 a 恒等于 b.

$\mathbf{T}_7$ 如果有 $F(a,b)$ 和 $F(b,c)$，则不会有 $F(a,c)$.

定义 3　如果有 $F(a,b)$ 和 $F(b,c)$，则有 $G(a,c)$.

(1) 用下列的每一个解释证明上述抽象的数学体系的公设集的相容性：

(a) 令 K 包括：一个人，他的父亲．他的父亲的父亲，和他的父亲的父亲的父亲，并且令 $R(a,b)$ 指"a 是 b 的被继承人"．

(b) 令 K 包括水平线上四个不同的点，并且令 $R(a,b)$ 意指"a 必定在 b 的左边"．

(c) 令 K 包括 1,2,3,4 四个整数，并且令 $R(a,b)$ 意指"$a<b$"．

(2) 对于(1)的解释的每一种，写出上述抽象体系的定理和定义的陈述．

(3) 用下列四个不完全的解释证明：上述抽象的数学体系的公设集的独立性．

(a) 令 K 包括两兄弟、他们的父亲和他们的父亲的父亲，并且令 $R(a,b)$ 意指"a 是 b 的被继承人"．此证明公设 P_1 的独立性．

(b) 令 K 包括 1,2,3,4 四个整数，并且令 $R(a,b)$ 意指"$a\leqslant b$"．此证明公设 P_2 的独立性．

(c) 令 K 包括 1,2,3,4 四个整数，并且令 $R(a,b)$ 意指"$a\neq b$"．此证明公设 P_3 的独立性．

(d) 令 K 包括 1,2,3,4,5 五个整数，并且令 $R(a,b)$ 意指"$a<b$"．此证明公设 P_4 的独立性．

(4) 证明 P_1,T_1,P_3,P_4 构成与 P_1,P_2,P_3,P_4 等价的公设集．

五　数学与思维

5.1　数学是人类文明的一个组成部分

文明，说到底，指的是人类的文化.

文明，包括精神文明和物质文明.物质文明是精神文明的物质载体，同时又对精神文明的发展有重要作用.精神文明，在一定意义上是人类思维活动的产物，没有人类的思维，没有人类的思维能力，是不会有什么文明的.

文明是有结构的，这指的是：

(1)宗教伦理，数学和自然科学，文学艺术，工程技术，哲学，政治，经济，法律等文明组成部分.

(2)其各个组成部分在整个文明中各有其特殊的、具体的地位.

(3)其各个组成部分之间的相互关系也是具体的.

这些“组成”、“地位”和“关系”就是文明的结构.文明的结构又是不断变化的.正因为如此，文明既有其民族性，又有其时代性.

数学的素质和数学在某文明中的地位会影响该文明在世界文明中的地位.从泰勒斯(约公元前 624—前 546)到毕达哥拉斯(约公元前 580—前 500)，到柏拉图(约公元前 427—前 347)，都充分认识到数学的作用.柏拉图认为，作为一个统治者，为了很好地认识自己在所生活的那个多变的现象世界中的处境，应该学习数学.这是对数学在文明中的地位的最高评价.

希腊数学是很有特色的，有一位数学史专家把希腊数学与印度数学相比较后指出：

(1)在希腊人那里，数学取得了独立的地位，并且是为了数学本身的发展而被研究，而印度的数学只不过是天文学的侍女；

(2)在希腊,数学的大门是对任何一个认真地研究它的人敞开的,在印度,数学教育几乎完全属于僧侣;

(3)希腊人对几何学有卓越的贡献,但对计算工作则不大认真,印度人却是有才能的计算家和拙劣的几何学者;

(4)希腊人的著作在表述上力求清楚和合乎逻辑,印度人的著作却常被模糊不清和神秘的语言所笼罩;

(5)希腊数学的一个显著特征是主张严格证明,而印度数学则或多或少是经验的,很少给出证明和推导;

(6)希腊人好像具备区别优劣的天性,印度数学却很不平衡,优秀的和拙劣的数学往往同时出现.

综上所述,充分体现了这位数学史专家对于希腊数学的深刻了解.事实上,也只有对希腊数学在希腊文明中的地位有所了解,对希腊数学的素质有了一定的认识,才能对希腊文明在现代科学技术中的深远影响有所认识.

在这方面,反面的例子也是有的.对于"现代科学技术为什么没有起源于中国"这个问题,除了从生产的需要和社会的结构考虑外,难道不应该把中国古代数学在文明中的地位和中国古代数学的特点考虑进去吗?还有一个十分现实的例子,那就是"新数学运动"."新数学运动"对于依其方针进行数学教育的国家已经并且正在起着的不利影响,难道可以忽视吗?

数学的产生和发展是一种社会现象,是文明社会的一种现象.伽罗瓦(1811—1832)参与政治,屡受挫折,不幸早逝,发生在19世纪初的法国,是一个社会现象;阿贝尔(1802—1829)穷途潦倒,命运不济,则发生在19世纪初的北欧,也是一个社会现象.这都是社会影响数学发展的实例.

让我们再来看一个有趣的社会现象:在1848—1849年的革命中未被消灭的封建势力严重地阻碍着匈牙利的工业发展,资本主义工业只是在19世纪末才缓慢地发展起来.多民族的匈牙利在政治上极不稳固,民族矛盾十分尖锐,资本主义工业与欧洲先进国家相比还较为落后;然而蜚声寰宇的人却层出不穷.最著名的有:天才的作曲家和钢琴演奏家李斯特(1811—1886)、才华横溢的诗人裴多菲(1823—

1849)，卓越的画家孟卡奇(1844—1900)，现代航天事业的奠基人冯·卡门(1881—1963)，全息照相创始人、诺贝尔物理学奖获得者加波(1900—1979)，同位素示踪技术的先驱、诺贝尔化学奖获得者海维西(1885—1966)，诺贝尔物理学奖获得者维格纳(1902—1995)，氢弹之父特勒(1908—2003)，分析大师费叶(1880—1959)，泛函分析的奠基者黎斯(1880—1956)，组合论专家寇尼希(1884—1944)，对测度论作出重大贡献的拉多(1895—1965)，领导研制第一台电子计算机的冯·诺伊曼(1903—1957)，数学和数学教育家乔治·波利亚(1887—1985)等. 无论从国土面积还是从人口比例来看，在一个短短的历史时期内涌现出如此众多的天才的艺术家和科学家，几乎是不可思议的. 显然，把这种奇迹出现的原因归结于匈牙利生产水平的发展是不足取的. 那么究竟应该怎样解释呢？这几乎可以说是文明史和科学史上的一个谜. 我们应该从这一桩桩、一件件社会现象中得到启示、受到教育，从而为发展我国的数学、发展我国的文明创造有利条件.

5.2 数学是一种思维方式

人们常常从特定的角度出发，从特定的思维框架出发去看待世界，因而思维方式也就各不相同. 思维方式有种种划分的方法：

(1)每个民族都有其自己特有的思维方式. 如前所述，古希腊数学家和古代的印度数学家所关心的问题，以及考虑问题的方法有显著的差异. 现代，美国人、日本人和中国人考虑问题的方法也很不一样.

(2) 不同信仰的人考虑问题的方式也不一样. 例如，信基督教、信佛教和信仰马克思主义的人，看待问题的方法和思考问题的方法肯定是很不一样的.

(3)研究不同学科和从事不同职业的人，也常常会逐渐养成各自特有的思维方式. 学数学的(假如你真正学有所得)和学生物的，常常表现出思维方式的差异；前者重视演绎推理，后者重视观察和实验. 想真正了解人的思维，对有关思维方式的问题是不可忽视的.

外尔(1885—1955)曾以《数学的思维方式》为题，作了一个极其生动的报告. 他说："所谓数学的思维方式，首先是指数学用以渗透到研究外部世界的科学(例如物理学、化学、生物学和经济学等)，以及渗透到我们人类事务的日常思维活动中的那种推理形式,其次是数学家们应用于自己的研究领域中的推理形式."

接着,他讲到:"伟大的数学家F·克莱因(1849—1925)领导的数学教育改革运动在德国引起了一场很大的骚动.这个改革运动的口号是'用函数来思考.'"如果我们把函数概念的全部延伸与扩展考虑进去,那么可以说:"用函数来思考"迄今还是数学思维方式的重要内容之一.

然后,他指出:"用数学的思维方式思考时,他首先就必须学会更加直接地正视事物,必须摈弃对于语言的依赖,学会更加具体地思考.只有这样,他才有能力来做第二步,即抽象这一步,这时直观的想法被符号的结构取而代之."

"比如说,当我们说到某某山、某某峰的海拔高度时,我们应该进一步'具体地思考'这究竟意味着什么?如果说海拔高度是指海平面以上,但是,在此山峰下并没有海洋,这又该如何解释呢?事实上,人们已把实际的海平面假想为一直延伸到坚硬的大陆下面;但是,人们又是怎样构成这个理想的闭合表面的呢?…"

在这里,外尔还不胜感慨地说:"语言是危险的工具.为日常生活而创造的语言,只在通常的和有限的范围内具有明确的含义."并且,具体指出,当我们一般使用"海拔高度"这个词时,应该给出其数学上的精确定义."科学家必须拨开朦胧的言语之迷雾而去挖掘具体而实在的宝石.""例如在解释相对论时,首先是必须坚持不懈地排除像过去、现在和将来某些时间术语的概念,只要这些言语仍然遮盖着客观存在,我们就不能应用数学."

总之,数学思维方式的特点就在于:它能拨开言语的迷雾,揭示事物的本质联系.它之所以能做到这一点,靠的是:第一步,具体地、深入地思考;第二步,抽象化(在这里,符号构造的方法和公理化方法几乎是同等重要的).

5.3 数学是一种思维规范

怀特海在《数学与善》一文中指出:数学是研究模式的学问.有趣的是:他是从学习几何与代数讲起的.

他说:“在几何中,点、直线和平面等概念是作为起点的. 再引进这些实体的某种复杂的模式(这模式是由其各个组成部分之间的某些关系所确定的). 然后,就要研究在这样的模式中有什么其他关系隐含于这些假定之中.”他又说:“一个小孩能容易地观看由他的老师画在黑板上的直角三角形的图形”,“但是直角三角形这个确定的模式并不把它的各种错综复杂的性质直接显示给人的意识.”

他说,19 世纪初,代数研究的模式涉及“把数聚合在一起的各种方式”;20 世纪上半叶,代数学有很大的发展,“它已经扩展到数的领域之外,并且应用于一大批模式(数在其中是次要因素).”然后指出:“数学现在已变为对各种类型的模式进行理智的分析.”

他在论述了几何与代数怎样研究模式之后,指出:“模式具有重要意义的观点与文明一样古老,每一种艺术都奠基于模式的研究. 社会组织的结合力也依赖于行为模式的保持;文明的进步也侥幸地依赖于这些行为模式的变更.”“这些模式的稳定性,以及这些模式的变更,对于善的实现都是必要的条件.”

一句话,理解模式和分析模式之间的关系,使我们有可能在允许模式作某种必要的变更的前提下保持稳定性,这就是“善”,这就是一种思维规范.

然而,还须指出:模式是抽象得来的,抽象涉及强调,强调总是强调其某个侧面,因此,名之曰“模式”, 称之曰“善”,并不是尽善尽美的. 我们在运用模式时,切不可忽视它的经验来源,而应该注意善和思维规范的具体背景. 盲目地使用数学模式的人更应引以为戒!

5.4 笛卡尔的思维法则

笛卡尔(1596—1650)主要从事哲学的研究,同时对数学和自然科学也颇有建树. 数学史家说他是偶然地成为数学家的. 然而,他所创立的解析几何却有划时代的意义,从而不能不引起人们的深思:笛卡尔在思维方法上究竟有什么独到之处?

他在《方法谈》中说:“我们的意见之所以不同,并不是由于一些人所具有的理性比另一些人更多,而只是由于我们通过不同的途径来运用我们的思想,以及考察的不是同样的东西.”“沿着正确道路而极为缓慢前进的人,往往要比那些离开正确道路而奔跑着的人远远地走在前面.""有一天我下定了决心,也要来研究我自己,并且把我的心智的全部力量用来选择我们应当遵循的途径."笛卡尔在这里强调了方法的重要性并表述了他对方法的格外关注.

现在着重介绍笛卡尔的《指导思维的法则》(未完成稿).笛卡尔原计划写 36 节,但是实际上只写了 18 节,另外 3 节只写了个概要.其余的很可能根本没有写.其中开始的 12 节讨论对解题有用的思维方法;此后的 12 节讨论能直接简化为纯数学问题的"完全被理解的问题";最后的 12 节本打算讨论不能直接简化为纯数学问题的"不完全被理解的问题".

法则 1 研究的目的应该是将思维引向对它面前出现的一切材料作出有充分根据的正确判断的清晰理论.

法则 2 只有思维能力看上去能够对它们获得确实而毋庸置疑的知识的那些对象,才是该当引起注意的.

法则 3 在提出要考察的那些主题中,我们的探究,既不应当指向别人已经想过的东西,也不应当指向自己猜测的东西,而是应当针对我们能够清清楚楚观察到的并且确实能追溯根源的东西.因为用其他任何方法是得不到知识的.

法则 4 为了发现真理,需要有方法.

法则 5 方法就是把应注意的事物进行适当的整理和排列.如果想在它们(对象)中发现任何真理,我们的慧眼必须指向它们.如果能把复杂的、含糊不清的命题逐步化为比较简单的命题,然后从对于所有那些绝对简单的命题的直觉理解出发,运用非常相似的步骤,努力追溯到其他一切命题的知识,那么,就确切地履行了这种方法.

法则 6 当一个问题被提出来以后,我们应当立即看一看,首先研究另外一些问题是否更为有利,另外是哪些问题,以及按什么顺序进行研究.

法则 7 如果希望科学日臻完善,那么在考虑中已经提升为目标的材料,就必须全部经过连续而不间断的思维活动的细密审查;它们也必须被包括在既适当又有条理的枚举细目之中.

法则 8 如果在所考察的那些情况中,我们在这个序列中走到了这样一步：理解力确实不能对它有一个直觉的认识，那么，就必须在这里止住；必须不再企图考察随后的是什么；否则，就会不必要地浪费自己的精力.

法则 9 必须把注意力全部集中到最重要的和最容易掌握的事物上，而且要长时间持续不断地对它们仔细考虑，直到我们习惯于清清楚楚地、一目了然地直观事物.

法则 10 为了可能获得聪明与智慧，心智应当在那些别人已经发现答案的探究中经受磨炼，甚至还应当系统地细察人们最不足道的发明创造，但是，主要还是考察表明以某种秩序为前提的那些结果.

法则 11 如果在我们已经直觉地认识到若干简单的事实真相之后，我们希望根据它们作出任何推论，有效的方法就是，使这些事实处于连续不间断的思维活动中，仔细思量它们彼此之间的关系，并且只要同时可能，就把这些命题中若干命题明确地一并加以理解. 因为这种方法会使我们的知识更加可靠，并使我们的思维能力大大提高.

法则 12 最后，必须运用有助于理解的想象、感觉和记忆，首先为了对简单的命题有明确的直觉；在一定程度上也为了把待证明的命题同已经知道的命题加以比较，从而有可能认识它们的真理；在一定程度上也为了发现那些事实真相，它们应当是彼此互相加以比较，以致人们在勤奋中训练自己的任何东西，并使之没有任何遗漏.

法则 13 一旦“问题”得到完满的理解，就应把它从每个对它的意义说来是多余的概念中解脱出来，以它的最简单的术语来表述它，并且依靠一种细目枚举把它分解为不同的部分，撇开这种分解，分析就不能细致地进行.

法则 14 同样的法则也可运用到物体的实在广延性上. 用几何图形去表达这类事情是极为有利的，因为没有什么东西比几何图形更容易进入人们的思维.

法则 15 同样，画这些图形并把它们展示给外部的感官往往是有帮助的，这样才能使我们较为容易持续不断地坚定.

法则 16 当遇到不需要我们现在就注意的情况，即使这些情况对作结论是必需的，最好还是用高度省略的符号来表示它们，而不是用复杂的图形来表示它们. 这样做，一方面预防由于记忆的缺陷而产生的差错;另一方面预防思想不专注,在注意别的推理时会引起一种要把这些情况放在心上的努力.

法则 17 在一个问题提出来讨论时,应当以最自然的方式来考察问题,把它当作是已解决了的,并以适当的次序使所有由条件规定的未知量和已知量之间所必须保持的关系具体化.

法则 18 为此目的,只需要有加、减、乘、除四则运算. 其中乘法和除法在这里往往用不着,这是为了避免预料不到的麻烦,也因为在以后阶段上处理它们比较容易些.

法则 19 为了直截了当地处理问题,运用这种推理方法,就必须把未知项看作是已知的,有多少未知项就找出多少量值;分划出一部分条件,根据这部分条件可以把同一个量用两种不同的方法表示,并从而得到未知量之间的一个方程. 照此做下去,最后就可把条件分成为与未知量个数一样多的部分,从而得到与未知量个数相等的一个方程组.

法则 20 得到这些方程之后,我们必须继续进行我们曾忽略的那些运算.

法则 21 把这组方程简化为一个方程.

波利亚说得好:"对于我们来说,笛卡尔的话是很有指导意义的,但是读者对于笛卡尔说过的话,如果仅仅是出于一种盲目崇拜权威的心理状态,什么都相信,那就正好违背了笛卡尔的思想.""即便是面对名人名著,读者也只应该接受他自己已经透彻理解,或者是已被他的可靠经验所验证过的内容. 只有这样,才算是遵循笛卡尔的'法则'行事的."

5.5 数学是思维的一种载体

语言是思维的一种载体.(事实上,早在语言产生之前,思维就已出现.)当然,音乐、美术、舞蹈、表情等都可以充当思维的载体. 载体有两层意思:其一是,在思维过程中用以承载思维;其二是,在表现思想的过程中,用以承载思想. 语言之所以能作为载体而交流思想,乃是由于"旧瓶装新酒"的关系,也就是对方早已听过别人用类似的语言表达类似的思想.

数学也是一种语言.伽利略说得好:“哲学(自然)是写在那本永远在我们眼前的伟大的书本里的——我指的是宇宙——但是,我们若不先学会书中所使用的语言和掌握书中的符号,也就无法了解它.该书是用数学的语言撰写的,而符号就是三角形、圆形和别的几何图像.如果没有它们的帮助,则人们就像在一个黑暗的迷宫里劳而无功地游荡着.”

数学语言是一种特定的科学语言.精确的和能洞察秋毫的思想必须用这样的语言来承载.而数学语言又正好以其概念的清晰和逻辑的严谨著称.

如果我们把表示数学概念的数学语言的基本单位叫作数学概词,把表示数学判断的数学概词的组合叫作数学命题,把表示数学推理的数学命题的组合叫作数学论证,那么,数学语言就是由数学概词、数学命题和数学论证所构成的“思维之筛”.数学家们就是用这样的“思维之筛”去简化现实世界的,同时又是以这样的语言去解释世界的.

数学语言作为思维的一种载体,有简单而准确的特点.因此,提高掌握这种思维载体的能力,将有助于提高我们的思维效率.

5.6 数学能锻炼人的思维

思维学家认为:既没有纯而又纯的形象思维,也没有纯而又纯的逻辑思维.实际上,任何思维都是形象的,这包括具体的形象和抽象的形象;任何思维都是逻辑的,因为思维有一个过程,在这个过程中总有若干链条,在这里总存在着某些共同的规律,那就是逻辑.思维学家还认为:灵感往往产生在思维活动的关节点上.这些都是对思维的理性分析.虽然这仅仅是理性分析,但对于认识思维是有帮助的.现在就从这里谈起.

数学既能锻炼人们的形象思维能力,又能锻炼人们的逻辑思维能力,每个学过平面几何的人都会有这样的体会.数学灵感是数学科学研究与学习数学的重要思维活动.它的重要性一直是科学家关注的.

德恩(Max Dehn)在《数学家的气质》中讲到关于灵感的一个绝妙的例子:“就是笛卡尔在 1619 年 11 月 10 日发现解析几何的那个时刻.笛卡尔告诉我们说,在‘卅年战争’中的一个冬季,他驻扎在一个小镇里(靠近乌尔姆),当时他非常孤独,天气非常寒冷,用他自己的话说，他常常呆‘在炉火之旁’．有一个晚上，灵感突如其来，使他以惊人的速度进行了一系列几何推理，此后，他在那个晚上发现的方法，竟成为全部近代数学发展史中的一个最强大的推动力．

关于这一点，我们稍微再讲得深入一些，并着重指出一种特征，它至少是能够刻画数学创作的．笛卡尔自己认为，通过灵感的启示而使之出现了一种新的科学．然而实际情况并非如此简单．他所作出的巨大贡献并不在于发现了代数与几何相结合这一崭新的思想．说他比他的前人更大胆地把已有的想法加以具体化也不尽然．真正的情况是：灵感的启示触动了一个具有超群的代数天才的人，使他解决了最难解决的具体问题；而且，更为重要的是，灵感的启示触动了一个想象力无与伦比的思想家，他以令人惊叹的敏锐性、明确性和简洁性，以几乎是雄辩家的才华，提出并应用了那种在一刹那的想象中被凝聚起来的思想．”

德恩接着又说：“思想的发端往往不是很清楚的，很久很久以前就孕育着的根苗也是无法阐明的．但赋以清晰的形式却是某人的功绩，而且真正是属于个人的和一次性的．”“最华丽的桂冠应当授予这样的人，因为是他首先把一种思想从朦胧混沌之中提高到光明而确切的境地，并把它和盘托出来．”——德恩在这里抓住了思维能力的重要指标：敏锐性、明确性和简洁性．

注意：曾产生这个伟大的数学灵感的笛卡尔，正是为我们写《指导思维的法则》的人．事实上，他告诉了我们：灵感也是有踪迹可寻的．

不仅如此，数学既能锻炼人们的演绎思维能力，也能锻炼人们的合情推理能力．而合情推理能力对于发明和创造是极为重要的．

数学语言是思维的一种载体，同时，数学又是一种思维规范．数学（在一定意义上讲）是研究思想事物的，而它本身又是思维活动的产物．

习　题

1．文明具有时代性和民族性；数学是文明的组成部分，数学也具有时代性和民族性，请举例说明数学的时代性和民族性．

2．试通过实例说明自己对笛卡尔的某条思维法则的体会．

3．试述你对数学语言的理解．

六　数学方法是什么

6.1　方法是什么

方法究竟是什么？这是一个值得深思而耐人寻味的问题.

列宁在《黑格尔“逻辑学”一书摘要》中有这么一段摘记：

“第40-41页，《因为方法就是对于自己内容的内部之自我运动的形式之觉识》

往下第41页全是对于辩证法的很好说明.”

我们可以这样理解：方法就是对形式的认识，而形式指的是内容的形式，指的是内容的运动的形式，指的是自己内容的内部的自我运动的形式.

这就是说，对于所考察的对象，对于要解决的问题，要紧的是先弄清楚它的内容是什么.内容一般地说是存在于事物内部，而不是一眼就能看穿的，要弄明白，必须紧紧地抓住它，这并不是轻而易举的.然而，只要对所考察的对象进行认真的剖析，着眼于它们之间的联系，着眼于其运动和变化，从而掌握其内容，这还是有路可寻的.其次，要弄清楚它的形式是怎样的.因为形式是具体的、多种多样的、丰富多彩的、活生生的.所以，在进一步认识它之前，先得对它作出明确的阐述.例如，对任何数学题都有一个如何作出其形式的表达问题.第三，也是最重要的一点，形式并不是一成不变的，而是运动和变化着的.也就是说，我们要着眼于形式的变化或变换形式(注意：在前者中，“变化”是名词；在后者中，“变换”是动词).更明确些说，方法就是“变换形式”，就是变换形式的“全过程”.

在自然科学中，这样的例子是不胜枚举的.比如，哥白尼的发明不只是“地球是运动的”，它实际上是“关于物理学和天文学问题的一种完全新的方法，这种方法必须改变‘地球’和‘运动’两者的意义”. 从什么意义上可以这么说呢？因为太阳中心说也不过是对太阳系运动形式的认识，对其变换形式的认识，对其变换形式的全过程的认识.

库恩所说的“化学家从道尔顿那里得到的不是新的实验定律，而是一种研究化学的新方法”，也就是这个意思. 因为道尔顿的化学原子理论使我们对化学变化(或化学反应)的形式有了新的认识.

与每一项科学上的成就相联系，都有一个方法上的改进. 解析几何的发明，量子力学的建立……哪一项离得开与之相辅而行的方法？它们既得益于已有的、然而未被别人重视的方法，又创立了新的方法. 事实上，每一位科学家之所以取得成果，都由于他在方法上有所创新. 然而，自觉地意识到自己手中的方法，还是不自觉地使用某种方法，则是有区别的.

正因为如此，我们要顺着数学历史的发展去探索数学方法的发展，顺着数学方法的历史渊源去探求对数学方法的认识的发展. 目的只有一个，那就是：使我们从不自觉地使用数学方法转变为自觉地认识数学方法的结构和功能.

6.2 数学方法的内涵与外延

数学方法，在这里主要是指：学习和研究数学的方法，因而也就是对数学形式的认识. 形式是运动的、变化的，要在其变换中认识它；此形式与彼形式有一定的关系，要在其相互关系中认识它；形式之间的关系也是运动的、变化的，也要在其变换中认识它.

从这个意义上讲，数学方法包括：

(1)关于表达式的方法. 有符号表示法、进位制、模型法和关系映射反演原则等.

(2)关于表达式与表达式的关系(即命题)的方法. 这包括证题的方法，也包括公理系统的相容性、独立性和完备性等问题.

(3)关于表达式与表达式的关系的关系的方法. 这包括公理系统的等价性及其另外的性质.

(4)关于数学各分支间的关系(即整个数学结构)的方法. 例如，把整个数学统一起来的方法.

确切些说，数学方法不仅包括研究数学本身的方法，还包括：学习数学的方法、构造数学的方法、整理数学的方法，以及将数学渗透进其他学科的方法.（虽然，一般地说，数学内部的一些方法不计在内，但也不能截然分开.）

数学方法还可以这么分：

第一，在现实世界中提出问题并予以解决的方法. 在这里有一点是必须明白的：所有的现实问题本来都是“没头没脑”的，那些“有头有脑”的问题都是数学教材作者和数学教师人为地雕琢出来的. 在这里，关键的一招是：作数学抽象，抓住主要的数学关系.

第二，求解数学题的方法. 乔治·波利亚在《数学的发现》一书中针对较为初等的数学题列出了：双轨迹模式、笛卡尔模式、递归模式和叠加模式这样四种数学模式. 在这里，要紧的是懂得：任何一个数学模式都是以一连串的例题为背景和基础抽象出来的. 当然，最好的办法是：在自己学习的数学的分支内，找出一些例题，对它们进行分析和分类，并从中构造出模式来. 因为只有这样才能通过自己的实践得到丰富的认识.

第三，求证数学题的方法. 事实上，最好的办法是：把自己所要证的数学题摆在自己整理、排列得到的公理体系的恰当位置上，就像波利亚和舍贵合著的《数学分析的问题与定理》中所做的那样.

第四，构造和整理数学的方法. F·克莱因在《爱尔兰根纲领》中，用变换群定义几何，构造了几何学的模式，为我们提供了构造和整理数学的范例. 布尔巴基学派又将数学结构分为三大类，即代数结构、序结构和拓扑结构，为构造、整理全部数学开辟了新的道路.

6.3 数学方法的特点

数学方法的主要特点是：过程性、层次性、抽象性及广泛的应用性.

1. 过程性

无论是数学归纳法，还是无限递降法，甚至求公因数的辗转相除法，这些方法都是有程序的. 正因为如此，在古代的数学书中有不少是以例题和演算程序向我们介绍数学方法的.

每一种数学方法，作为一个过程，它总包括若干个环节，各个环节都有其特有的意义，环节之间又有一定的关系，而且在这些环节中，总有主要与次要之分.——当我们这样审视一种数学方法时，这种数学方法对我们来说就显得清晰可辨、明确易懂了！

数学方法的过程性是客观事物的发展过程的反映.事实上，客观事物的过程性在数学方法中得到了充分的显现.

2.层次性

数学方法，有直接经验的方法，有刚从经验脱胎出来的方法，还有更加基本、更加一般的方法.方法原来就是有层次的，在数学方法中，这种层次性更加明显.

数学方法的层次性是怎样产生的呢？这是由数学的本质所决定的.冯·诺伊曼说得好："大多数最美妙的数学灵感都来源于经验，并且简直不可能相信会存在绝对的、永远不变的和脱离所有人的经验的数学严密性概念."然而又说："很难相信数学是纯粹的经验科学或者全部数学思想都来源于经验题材."正因为如此，在整个数学中，包含着从经验到理论的不同层次.

数学方法中存在层次性是肯定的，然而，对层次的划分方法则是多种多样的.

一方面，数学方法显现出清晰的层次；另一方面，在不同层次之间又存在着交错的关系.只有把层次性和交错关系同时置入视野，才能认识数学方法的全貌.

3.抽象性和广泛的应用性

正因为数学方法具有抽象性，它才具有广泛的应用性.它已经成为科学界的通用语言.语言是交流思想的工具，是谁也离不开的.

要注意的是：不要把广泛的应用性理解为无条件的.因为抽象的数学方法仅仅体现了客观事物的某种关系（而不是全部关系）；盲目而漫无边际地使用于实际是不能不造成失误的.

6.4 掌握数学方法的途径

在研究（或学习）数学而取得某些进展的时候，应及时进行反思，即考虑一下自己所用的数学方法的实际情况，此乃是掌握数学方法的最好时机.乔治·波利亚为他所著的《数学的发现》写了个"读者须知”，其中有一段意味深长的话：

“领会方法的最佳时机，可能就是读者解出一道题目，或者阅读它的解法的时候，当然也可能是在阅读解法之形成过程的时候，总而言之，就是当读者刚刚完成任务，而且自己的体验还在头脑中保持着新鲜之感的时候，恰如其分地去回顾自己刚才所做过的一切，将大大有利于探索自己刚才能够克服困难的关键之处．他还可以有目的地对自己提出许多有益的问题，即如：‘关键在哪里？主要的困难是什么？什么地方我可以完成得更好些？我为什么没有察觉到这一点？要看出这一点我必须具备哪些知识？应该从什么角度去考虑？这里有没有值得学习的诀窍可供以后遇到类似问题时应用？’所有这些问题都提得不错，而且还有许多别的问题——但最好的问题乃是自然而然地浮现在你的脑海之中的问题．”

——一句话，选择最佳时机，向自己提出问题，并由此而引起深思．

有的数学家能在其论文中介绍自己取得成果的方法，但有些数学家对涉及方法的事只是一笔带过，更多的是一字不提．我们可以这样去走数学家走过的路：一是从数学论文中去寻找；二是从数学发展史中去探索，当然，也可到数学家的传记中去挖掘．这就是说，在走过了某位数学家所走过的某段路之后，再去反思其方法，这就是寻求数学家之思路和掌握数学家思路的途径．

——总之，走数学家走过的路，然后再反思其方法，这是掌握数学方法的第二个源泉．

为了使我们从上述两个源泉中获得的数学方法得到巩固，应该把自己所掌握的方法自觉地运用到自己的数学学习和研究工作中去，因为使用是最好的“理解”．

6.5 数学之树

H・伊夫斯在《数学史概论》中有这样一段精辟的论述：

“若干年前，人们把数学描绘成一棵树（通常是大榕树）的样子，这已是众所周知的了．在树根上标着代数、平面几何、三角、解析几何和无理数等科目或概念的名称．从这些根上又长出了这棵树的强大的树干,上面写着微积分.然后,从树干的顶端又长出许多枝,又再分叉出许多较小的枝.这些枝上写着诸如:复变、实变、变分法、概率,等等,直至包括现代数学的各个'分支'."

"如果要用数学之树去体现当代数学,则我们就要把榕树作为其代表.因为榕树是一种多干树,不仅如此,它还不断地生长着新的树干.而且,从榕树的一枝上,还有像针一样的生长物向下伸展,直插地面,并在那里生根;并且,在一些年后,这针状物长得越来越粗壮,直至长成生有许多枝的树干,而每一枝又面向地面投射它们的针状物.

在世界上竟有一些榕树长得如此庞大,甚至覆盖了整个城区.这些树既美丽又长寿,人们传说释迦牟尼讲经时所依之休息的那棵大榕树还茂盛地生长着.我们终于在榕树身上找到了能够匹配现代数学的数学之树的现实原型.再过若干年,更新的树干又会继续形成,而一些较老的树干也可能萎缩和枯竭.不同专业的学生能选择不同的树干去攀升;每一个学生要先学习由他所选择的树干所覆盖的基础.所有这些树干自然与该树的复杂枝系在上方相联系.代表微积分的那根树干至今还活着并且很好地工作着,当然还有线性代数树干、数理逻辑树干,等等."

——一句话,数学是"历史的",数学有它自己的"历史".

怀特海在《数学与善》一文中指出:"考虑到数学有无穷多的主题和内容,数学甚至现代数学也都是处于婴儿时期的一门科学."外尔(H. Weyl)在其《数学的思维方式》一文中也说:"数学尽管古老,但它绝不会因其日益增长的复杂性而越来越僵化,相反地,它从其深深扎根的精神和自然的土壤中吸取营养,数学依然生气勃勃."

数学的内容十分丰富,数学的发展异常迅速,这一切又使我们认识的局限性显得更加突出.这样,我们对数学方法的认识的局限性也就理所当然了.此书的篇幅又很有限,看来挂一漏万是不可避免的.

> "我不指望建立金碧辉煌、天衣无缝的宫殿,我只想充当人们攀登崎岖山路时的一块坚实的踏脚石."——这就是我的最后一言.

后　记

在写作本书的过程中，朱梧槚先生给予了很大的帮助：审阅了全部书稿，并对部分章节做了仔细的修改.

承蒙香港大学萧文强博士允诺，在本书中采用了他的未发表的讲稿中的材料.

在把笛卡尔的思维法则从英文译过来时，得到了赵中立老师的诚挚的帮助.

朱水林先生、李易山先生、张起林先生、罗小伟先生、侯淑卿女士和宫秀毓女士对本书的编写提出了宝贵的意见，在此表示衷心的感谢.

作者

人名中外文对照表

A・F・麦比乌斯/Möbius
C・E・香农/Shannon
G・波利亚/Pólya
G・米/Mie
P・S・埃伦费斯特/Ehrenfest
R・L・戴维斯/Davis
毕丰/Comte de Buffon
布鲁厄姆/H. L. Brougham
德恩/Max Dehn
冯・奥贝尔/von Aubel
海伯格/Heiberg
凯利/P. J. Kelly
克努特/Knuth
拉泽里尼/Lazzerini
罗宾/H. Robin
帕斯卡/B. Pascal
塞瓦/G. Ceva
斯派泽/A. Speiser
外尔/H. Weyl